普通高等教育"十四五"规划数字媒体技术系列教材

国家级一流本科课程

AIGC时代的 UI设计

主　编◎张　婷　王　弦　杨上影

副主编◎黄炳杨　廖　芹　谢　斯　林国勇

　　　　韦　杰　黄宇静　陆太阳　黄成甲

　　　　黄译锋　李　乐　王浩海　陈铭坤

　　　　裴永林　马铁峻　杨东道

华中科技大学出版社
http://press.hust.edu.cn

中国·武汉

内 容 简 介

教材深入剖析了 AIGC 技术在 UI 设计全流程中的应用，从需求分析到设计、开发测试，再到运营与迭代。书中探讨了如何将 AI 整合进传统设计流程，重塑 UI 设计师的工作模式，并讨论了设计角色的转变。本教材旨在指导 UI 设计师如何与 AI 协同工作，高效运用各类平台、工具和技巧，满足数字化时代对创新和效率的高标准要求。

图书在版编目(CIP)数据

AIGC 时代的 UI 设计 / 张婷，王弦，杨上影主编. -- 武汉 ：华中科技大学出版社，2024.12.
ISBN 978-7-5772-1510-5

Ⅰ. TP311.1

中国国家版本馆 CIP 数据核字第 20252AJ503 号

AIGC 时代的 UI 设计　　　　　　　　　　　　　张　婷　王　弦　杨上影　主编

AIGC Shidai de UI Sheji

策划编辑：汪　粲

责任编辑：李　露

封面设计：廖亚萍

责任校对：阮　敏

责任监印：周治超

出版发行：华中科技大学出版社(中国·武汉)　　　电话：(027)81321913
　　　　　武汉市东湖新技术开发区华工科技园　　邮编：430223

录　　排：华中科技大学惠友文印中心

印　　刷：武汉科源印刷设计有限公司

开　　本：787 mm×1092 mm　1/16

印　　张：13.75

字　　数：326 千字

版　　次：2024 年 12 月第 1 版第 1 次印刷

定　　价：58.00 元

前言

在数字化时代，人工智能生成内容技术（AIGC）正引领 UI 设计教育的革新。《AIGC 时代的 UI 设计》教材应运而生，旨在探索 AIGC 在 UI 设计项目各阶段的应用，从需求分析到设计、开发测试，再到运营和迭代。本教材不仅传授 UI 设计的基础知识和技能，更强调 AI 技术如何赋能设计师。

教材全面覆盖了 UI 设计领域的五个核心模块。本书第一部分为 UI 设计的基础认知，内容包括 UI 设计的基本概念、历史演变、目标价值和设计原则，以及 UI 设计的工作流程和方法。第二部分为用户研究，深入探讨了用户分析和调研的技巧、用户画像与情绪板的创建与应用，强调了以用户为中心的设计思维。第三部分为 UI 设计的基础元素，详细讲解了布局、网格系统、色彩、字体和图形等 UI 设计核心元素，以及它们在设计中的应用。第四部分为交互设计，聚焦于交互设计的基本原理、设计规范、基于需求的设计方法，以及 UI 设计在实际工作中的应用，包括 B 端 UI 设计和 Figma 工具的使用。第五部分为设计的未来展望，探讨了 AIGC 技术在 UI 设计中的应用、UI 设计的发展趋势，以及 AI 技术对 UI 设计的影响和带来的新机遇。教材通过丰富的案例、图片和实践练习，培养学习者的专业 UI 设计能力，以适应数字化时代的需求。

本教材的出版得到了吉利星睿数据智能产业学院

"特色教材"建设项目的鼎力支持,同时,也获得了2023年广西民族大学相思湖学院的校级教材建设项目的资助。此外,我们还荣幸地获得了来自奥维斯科技集团(广东)有限公司网页设计师职位黄炳杨先生和广西产业研究院大数据与人工智能研究所的韦杰总经理的专业技术支援。

此外,本书还配有课程讲义及素材,读者可以联系出版社索取。

本教材在编写过程中,广泛吸收了学术界和业界的研究成果,这些支持不仅为我们的教材开发提供了坚实的基础,也确保了教材内容的前瞻性和实用性,使其能够更好地服务于 UI 设计教育和学习者的需求。我们诚邀广大读者提出宝贵意见,共同推动 UI 设计教育的发展。

编者

2024 年 12 月

目录

第一部分

UI设计的基础认知

第1章
什么是 UI 设计

1.1　UI 设计

UI 是 User Interface 的缩写,即用户界面。UI 设计是指对用户界面的形式、功能、交互和美感进行规划、设计和评估的过程。

互联网发展至今已然成熟,从业者们的业务水平、技术水平也越来越高,随着计算机技术的发展,诞生了许许多多的新技术,不断地出现技术革新。

早期 GUI(图形用户界面)设计以 Windows 和 Macintosh 系统为主,随着互联网的普及,Web 界面设计逐渐兴起,在 2007 年第一代 iPhone 诞生后,移动界面设计呈爆发性增长,所有的互联网公司都参与到这场"基建"中。这段时间,由大型公司引领的各种设计潮流对设计师所需要掌握的技能水平提出了更高要求,3D 建模师、动画设计师等原本更为细分的工作或许都集中到 UI 设计师一个岗位中。而车载 HMI 更多则是由近年来高速发展的硬件性能与行业水平倒推着发展的。

从最初的命令行界面,到图形用户界面,再到触摸屏、语音、手势等多模态界面,以及目前以国际公司为领头的虚拟现实、增强现实等新型界面,甚至未来可能会出现的 AI 根据不同场景即时自动生成的 UI 界面,每一次的革新都带来无与伦比的奇妙体验。

1.2　UI 设计的目标和价值

UI 设计的价值体现在为产品增加竞争力、为企业创造利润、为社会带来效益、为人类提高生活质量等方面。UI 设计不仅是一种技术,更是一种责任。UI 设计为企业业务提供技术支撑,企业依靠业务获取利润,社会通过企业税收来获得发展。

UI 设计与交互设计、用户体验设计、视觉设计等领域有着密切的联系,但也有各自的侧重点和范围。UI 设计是交互设计和视觉设计的结合,是用户体验设计的重要组成部分。在 UI 设计中,视觉设计师、交互设计师和 UI 设计师是三个密切相关的工作岗位,他们存在一些共性和差异性。三个岗位都需要有良好的设计感和用户思维,能够从用户的角度出发,考虑设计的实用性和易用性。视觉设计师主要关注界面的美观性和视觉风格,交互设计师则关注用户的交互体验,包括交互流程、信息架构等,而 UI 设计师则需要同时考虑视觉和交互两个方面,将它们结合起来,最终实现一个易用、美观的用户界面。

UI 设计的视觉传达表现在通过对图形、文字、色彩、排版等元素的运用,使界面看起来更加美观、简洁、易于理解和使用。UI 设计不仅能传达信息,还能表达情感。通过运用设计元素,设计师可以在界面中表达出产品的情感属性,从而增强用户的使用体验。UI 设计的最终目标是提升用户体验。优秀的设计应该让用户在使用产品时感到舒适、自然,且能够快速地完成所需操作。

1.3 UI 设计的原则

UI 设计受到多种因素的影响,例如用户、产品、环境、技术、文化等。UI 设计需要考虑这些因素的特点和需求,进行合理分析和平衡。

实际上 UI 设计有一些通用的原则和规范:避免不必要的复杂、提供优秀的视觉清晰度、不要反直觉、强调易用性等。UI 设计师需要遵循这些原则,以提高设计质量和效果。我们通过学习会逐渐掌握这些设计原则。

1.4 AI 时代的 UI 设计

在人工智能(AI)的时代,UI 设计正迎来革命性的变化。AI 技术的融入使得 UI 设计不仅仅是视觉上的美化,更是关于如何创造一个能够与用户进行智能交互的界面。

AI 可以帮助 UI 设计师自动执行重复性任务,如内容更新和数据分析,这使得 UI 设计师可以将更多的精力放在创造性的工作上。同时,AI 也可以帮助识别和解决用户界面的问题,提高整体的设计质量和效率。此外还有更多的可能。

AI 的时代要求 UI 设计师不仅要关注视觉美学，还要深入理解技术的可能性，以及如何利用这些技术来提升用户体验。未来的 UI 设计将更加智能和个性化，为用户带来前所未有的便捷和愉悦。

使用 AI 工具
绘制图片

1.5　练一练：使用 AI 工具绘制图片

尝试使用 AI 大模型绘制自己手机中某款软件的 ICON。

在实际操作中，请确保不违反任何版权规定，选择公共可识别的图标更为合适。

例如我们以"微信"APP 的绿色对话气泡图标作为本次练习的目标，我们需要准备一段文本描述，详细说明想要生成的图像内容，包括图标的基本形状、颜色，以及任何特别的设计元素。

示例描述："请绘制一个圆角正方形图标，背景为鲜艳的绿色，图标中心是两个白色的聊天气泡……"

第2章

UI 设计的流程和方法

2.1 UI 设计的阶段、业务技能与方法

通常设计师在工作时都有自己的风格,但是实际上他们的中心思想都是一致的——解决需求。

2.1.1 设计阶段

1. 需求分析阶段

需求分析阶段是 UI 设计工作的起点,是了解用户、产品和环境的需求和问题的过程。需求分析阶段的主要任务有:确定目标用户、收集用户信息、分析用户需求、定义产品功能、制定设计策略等。面对他人直截了当表达的需求,我们可以直接启动工作流程并设计出最终界面。但如果是通过收集用户反馈采集到的需求,我们需要通过合理性评估,过滤掉伪需求、提炼归纳出真需求。

2. 概念设计阶段

概念设计阶段是 UI 设计工作的核心,是根据需求分析的结果,创造出产品的初步概念和方案的过程。概念设计阶段的主要任务有:生成设计灵感、构建信息架构、绘制界面草图、制作低保真原型等。概念设计是从分析用户需求到生成概念产品的一系列有序的、可组织的、有目标的设计活动,它表现为一个由简到精、由模糊到清晰、由抽象到具体的不断进化的过程。根据需求分析结果进行概念设计,包括布局、交互方式和风格设计等。

3. 详细设计阶段

详细设计阶段是 UI 设计工作的重点,是将概念设计阶段的方案细化和完善,形成具体的界面元素和交互效果的过程。详细设计阶段的主要任务有:选择界面风格、制定界面规范、绘制界面图标、制作高保真原型等。它的主要目的是对软件系统的各个组成部分进行细化,以确保编码的准确性和可维护性,在概念设计的基础上,进行详细设计,包括色

彩、字体、图标、动效等的设计。

4. 评估测试阶段

评估测试阶段是 UI 设计工作的终点，是对 UI 设计的成果进行评价和优化，保证其符合用户和产品的目标和要求的过程。评估测试阶段的主要任务有：制定评估计划、选择评估方法、收集评估数据、分析评估结果、提出改进建议等。

2.1.2 业务技能与方法

UI 设计具体的业务技能与方法如下表所示。

业务技能	方法
用户研究	本阶段涉及多种量化与质化研究方法，包括但不限于问卷调查、访谈、观察等，旨在深入剖析目标用户群体的需求倾向、使用习惯及心理模型。此步骤为后续设计决策提供实证基础，确保设计贴合用户实际需求
原型制作	基于前期研究成果，设计团队将构思转化为可交互的原型模型。利用 Axure、Adobe XD 或 Figma 等工具，创建低保真或高保真原型，旨在直观展示界面布局、导航结构及交互逻辑，便于进行初步的用户体验评估与迭代优化
迭代改进	此阶段强调基于用户反馈循环和 A/B 测试等数据驱动的方法，持续优化设计方案。通过分析在用户测试中发现的问题与不足，设计师需要灵活调整界面元素、交互模式及视觉风格，以逐步提高产品的用户满意度和整体体验质量
工具运用	现代 UI 设计高度依赖专业软件工具的高效运用。熟练掌握如 Sketch、Figma、Adobe Creative Suite 等工具，对于实现精准的视觉传达、高效的团队协作及响应式设计至关重要。此外，构建并维护一套统一的设计系统，确保设计语言的一致性和扩展性，也是此阶段的关键任务

通过系统性地学习和实践上述业务技能和方法，学习者不仅能够构建起对设计工作逻辑和顺序的深刻理解，还能有效提高在用户洞察、创意实现、体验优化及技术应用等方面的专业能力。这一综合性的知识体系构建，为设计师在未来面对复杂多变的设计挑战时，提供了坚实的理论与实践基础，促进设计师成长为具有创新思维和高效执行力的 UI 设计专家。

2.2 UI 设计的工具介绍

绘图工具：Photoshop、Illustrator、Sketch、Figma 等国外设计绘图工具，即时设计、MasterGo 等国内设计工具。

原型工具：用于制作和演示界面交互和功能的工具，例如 Axure、Balsamiq、Figma

等。原型工具可以用于验证和展示界面的可用性和易用性,提升界面的交互效果和用户体验。

协作工具:用于与其他人沟通和协作的工具,例如蓝湖、摹客等。协作工具可以帮助 UI 设计师与团队成员、客户、用户等进行有效的沟通和协作,促进 UI 设计项目的管理和执行。

2.3　UI 设计的评估和优化

在 UI 设计的每个阶段,UI 设计师都可以采用以下有效的评估方法来收集反馈和数据,并根据结果采取相应的优化措施。

专家评审:请相关领域的专家对 UI 设计进行评审,他们可以根据自己的经验和知识提出有价值的建议和意见。

启发式评估:使用一组 UI 设计原则或标准来评估设计的可用性和用户体验。这种方法可以帮助发现潜在的问题和改进点。

用户测试:将设计原型或产品提供给真实用户,并观察他们在使用过程中的行为和反馈。通过用户测试,可以发现用户的需求和问题,并从中获取有关用户体验的有价值的数据。

原型测试:在设计过程中进行原型测试,以验证设计理念和功能的有效性。可以使用可交互的原型让用户进行操作,进一步了解用户需求和行为,从而采取相应的优化措施。

数据分析:通过收集和分析用户行为数据、用户反馈和其他相关数据,可以了解用户对设计的喜好、痛点和需求。这些数据可以指导 UI 设计师进行优化和决策。

通过以上评估方法,UI 设计师可以不断收集反馈和数据,并根据结果采取相应的优化措施,以保证 UI 设计在适应用户和市场变化的同时,提供良好的用户体验。

2.4　AI 参与到 UI 设计流程中

首先要理解设计需求与背景。

AI 可以通过自然语言处理技术理解项目简介、业务需求及用户画像,从而帮助设定设计的方向和目标。例如,设计师可以输入"为一款面向年轻人的社交应用设计现代而活泼的界面",AI 即可基于此生成初步的设计概念。

AI 可以根据输入的关键词或设计偏好快速生成多种设计方案,包括色彩搭配、字体选择、布局框架等,供设计师挑选和修改。这一过程大大加速了初期的创意探索阶段。

AI 能够自动优化图片资源,进行智能抠图、放大图像、增强画质等,同时也可生成图标、插图等设计元素,提高工作效率。

AI 生成的游戏 UI 头像框素材如下图所示。

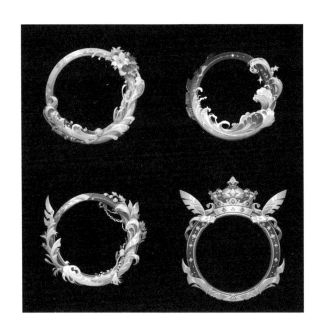

现在不停有新的软件将它们的功能接入 AI，使得许多操作可以自动化，如智能排版、智能颜色搭配工具，设计师可以快速调整设计中的各项视觉元素，获得即时反馈，实现快速迭代。

尽管 AI 在 UI 设计中展现出巨大潜力，但它目前更多扮演的是辅助角色，设计师的专业判断和创意仍然是不可或缺的。设计师利用 AI 生成的内容进行精细化调整，确保设计符合品牌调性和用户体验要求。

2.5　练一练：初次使用 Figma

初次使用 **Figma**

在本节中，我们将通过一个简单的实践练习，帮助你快速上手 Figma 这一强大的工具。Figma 不仅支持界面设计、原型制作，还便于团队成员之间的实时协作。下面，我们就通过创建一个简单的登录页面来开启你的 Figma 之旅吧！

第一步，进入 Figma。

注册并登录 Figma：如果你还没有 Figma 账号，可访问 figma.com 进行免费注册并登录。

创建新项目：登录后，点击首页的"＋ New File"按钮，创建一个新的文件，并为其命名，比如"Login Page Design"。

画板（Canvas）：这是你进行设计的舞台，点击左上角的加号添加一个新的画板，命名为"Login"。

工具栏（Toolbar）：位于界面左侧，包含创建形状工具、文本工具、矢量工具等。

属性检查器（Properties Panel）：位于右侧的面板，用于调整所选元素的样式和属性。

第二步，设计登录表单。

添加背景：从工具栏选择矩形工具（快捷键为 R 键），绘制一个覆盖整个画板的矩形作为背景。在属性检查器中,可以设置其颜色或添加渐变效果。

　　创建登录框:再次使用矩形工具,绘制两个较小的矩形作为用户名和密码输入框。调整它们的位置,并在属性检查器中设置边框颜色和圆角,使其看起来更加友好。

　　添加文本提示:选择文本工具(快捷键为 T 键),在输入框上方添加"Username"和"Password"的提示文本,调整文字字体、大小和颜色。

　　添加设计按钮:使用矩形工具创建一个按钮形状,放置在输入框下方,用于"Login",在属性检查器中设置不同的填充色以突出按钮,并添加文字,如"Login"。

第二部分

用户研究

用户分析和调研

3.1 用户分析

3.1.1 用户分析的目的

在 UI 设计中,用户分析的目的是了解目标用户的特征、需求、行为和心理等方面的信息。深入了解用户,设计师能够更准确地把握用户的期望和偏好,从而在 UI 设计中提供更好的用户体验。以下是用户分析的主要作用及例子。

1. 确定目标用户群体

通过用户分析,我们可以确定产品的目标用户,并深入了解他们的特征和需求。以设计一款社交媒体应用为例,在应用上线前,我们进行了社会调研,收集了大量资料。通过对调研结果进行用户分析,我们确定了目标用户群体,即年轻人,他们更倾向于分享生活点滴并与朋友互动。这些分析帮助我们精准定位用户群体,并确保在设计过程中更好地满足他们的需求。

2. 理解用户期望

用户分析帮助设计师深入了解用户的期望。以网易新闻的推荐页面为例,清晰的界面应布局简洁、信息呈现直观明了,用户可以按照自己的期望去观看新闻。个性化推荐部分针对用户的兴趣、历史浏览记录等进行个性化内容推荐,用户看到自己感兴趣的话题便会观看。所以,用户分析可以帮助设计师更好地满足用户的期望。

3. 发现用户需求

用户分析是揭示用户的潜在需求和问题的重要方法。以设计一款在线购物应用为例,拼多多的用户相对于淘宝、天猫、京东等平台的，平均年龄更高。因此，在拼多多的设计中，我们会优化文字字号、设计风格，以及商铺的默认排序，以更好地满足年纪较大的用户群体的需求。用户分析可以帮助我们发现用户希望的文字字号、设计风格和功能等。通过这些发现，我们能够更好地满足用户的需求。

3.1.2 用户分析的方法

用户分析的方法包括定性方法和定量方法。对于 UI 设计师来说，了解并巧妙运用这些方法，能够更全面地理解用户，从而更好地提供用户所需的产品体验。以下是这两种方法的主要作用及具体例子。

1. 定性方法

定性方法通过观察、访谈、问卷调查等方式，收集用户的主观意见和感受，以深入了解用户的态度、偏好和体验。这些方法能够提供丰富的用户反馈，为设计师揭示用户的期望和需求。

2. 定量方法

定量方法通过数据分析和统计学等研究手段，收集用户的客观数据和规律，从而得出可量化的结果。这些方法能够提供大量的数据，为设计师提供客观依据，并指导决策和产品功能优化。

针对社交媒体应用的用户活跃度分析，设计师可以利用定量方法分析每个月用户的活跃程度和应用的使用频率。通过收集客观数据，如用户登录次数、发帖量、点赞数量等，对比不同用户群体的活跃度，以了解不同群体的使用偏好和感兴趣的功能。定量方法能够为设计师提供决策的客观依据，进而优化产品功能，提高用户的满意度和参与度。

3.1.3 用户分析的结果

用户分析的结果以用户画像、用户故事、用户场景及用户流程图等形式呈现。这些结果有助于 UI 设计师更全面地了解和描述用户，有效地与其他团队成员进行沟通和协作。以下是这些结果形式的主要作用及具体例子。

1. 用户画像

用户画像是对目标用户的整体描述，包括用户的特征、需求、目标、偏好等。例如以下两幅运动健康类 APP 使用的用户画像，用户城市分布以二线城市为主，消费水平较全量人群较高，女性更多一点，年龄多分布在 24 岁及以下。所以设计师在设计自己的运动健康类 APP 项目的时候，应使 APP 风格更偏向年轻女性。

运动健康类APP用户画像1

城市分布

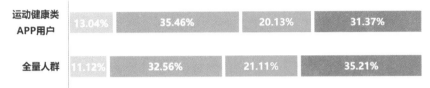

消费水平分布

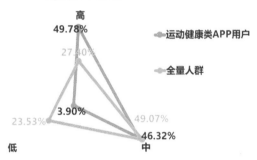

数据来源：个推大数据
取数时间：2020年3月

运动健康类APP用户画像2

性别分布

年龄分布

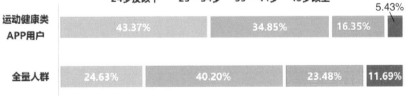

数据来源：个推大数据
取数时间：2020年3月

2. 用户故事

用户故事是描述用户在使用产品时的场景和需求的方式。作为一位 UI 设计师，应深知用户故事对于设计师从用户角度思考、理解用户行为和期望的重要性。以铁路 12306 出行 APP 的设计为例，一个典型的用户故事可以是：我们选择了蓝色作为主题色，以给用户带来干净明快的体验，同时，我们采用了列表布局以展示更多的信息，以便用户更容易找到满足需求的酒店。

3. 用户场景

用户场景描述了用户在特定情境下使用产品的过程和需求。通过用户场景，设计师能够更好地把握用户的需求和期望，并为产品提供更精确的解决方案。例如，在设计一个线上购物应用时，一个用户场景可以是"用户在地铁上使用手机，想要购买一件新衣服，并且希望能够快速找到所需款式和尺码，便捷地完成购买流程"，这个场景给设计师以下启发。

（1）响应式设计：根据用户不同的使用手机的场景，设计师应该确保应用程序能够自适应不同屏幕尺寸和方向（横向或纵向）。例如，在小屏幕上，设计师可以采用垂直布局，将重要的信息放在屏幕的可见区域，并通过滑动来浏览其他内容，以方便用户在狭小空间中进行浏览和操作。

（2）快速导航和筛选：用户希望能够快速找到所需款式和尺码，设计师可以在产品中提供快速导航和筛选功能，以便用户能够迅速定位到感兴趣的商品。可以采用分类标签、搜索功能和筛选选项等方式来实现这一需求。

（3）流程简化和快速支付：用户希望能够便捷地完成购买流程，因此在设计中应该考虑到用户的购物体验和支付流程。设计师可以通过简化购物流程、提供一键购买和快速支付的功能，让用户在短时间内完成购买过程，提高用户的满意度。

4. 用户流程图

用户流程图展示了用户在与产品互动的整个过程中的经历和感受。通过用户流程图，设计师可以更全面地了解用户的使用路径、情绪和痛点，从而改进产品的用户体验。例如，在设计一款智能家居控制应用时，用户流程图可以展示用户从打开应用到设定温度和光线等的整个流程，并记录用户在每一步骤中的体验和反馈。

3.1.4　用户分析的作用

用户分析的结果发挥着重要作用，可用于提高 UI 设计的质量和提升用户体验。以下是用户分析的主要作用和例子。

1. 确定产品功能

通过用户分析的结果，UI 设计师可以了解用户的需求和偏好，从而决定如何展现产品功能，决定不同功能使用什么样的布局。

（1）信息分享。

发布按钮应直观明了，用户可以通过点击按钮来快速发布自己的动态或内容。在布局上，我们可以将发布按钮放置在页面的显著位置，使用户可以随时找到按钮并使用对应功能。

（2）互动评论。

为每条动态或文章设计一个评论区域，用户可以在这里进行评论和互动。可以考虑使用一个输入框加提交按钮的形式，使用户可以方便地输入评论内容并进行提交。在布局上，评论区域可以放置在动态或文章内容的下方，以便用户直接参与互动。

（3）隐私设置。

设计一个个人资料页面或设置页面，用户可以在这里对自己的隐私进行设置。可以提供可选的隐私选项，如是否公开个人信息、是否接受陌生人的消息等。在布局上，可以将个人资料页面或设置页面放置在用户便于访问的位置，让用户可以方便地进行隐私设置。

2. 构建信息架构

用户分析的结果可帮助 UI 设计师构建合理的信息架构，将重点信息置于易操作、显眼的位置，使用户能够轻松地找到所需信息。

3. 设计界面元素

用户分析的结果可指导 UI 设计师选择和设计界面元素，以提供更好的用户体验。通过了解用户的偏好和对界面元素的诉求,设计师能够选择合适的颜色、图标、字体和布局等,以增强用户界面的吸引力和易用性。在设计界面元素时,以下是一些常见的要素。

(1)颜色:颜色是界面设计中重要的元素之一,可以传达情绪,引导用户注意力。设计师可以参考配色方案、色彩心理学及品牌形象,选择适合产品风格和目标用户的颜色。

(2)图标:图标是视觉界面中的重要组成部分,用于传达信息、指示操作或反馈状态。在设计图标时,设计师可以参考图标设计的最佳实践、图标库和矢量图形软件的使用技巧,来确保图标的清晰性、可识别性和一致性。

(3)字体:字体在 UI 设计中起到传达信息和塑造品牌形象的重要作用。设计师可以参考字体搭配原则、字体风格与产品定位的匹配,并考虑可读性和易读性,选择适合产品风格和用户阅读习惯的字体。

(4)布局:布局是界面设计中组织和展示内容的方式,会影响用户的视觉流程。设计师可以参考网格系统、对齐原则、信息架构的设计和页面布局的最佳实践,来创建清晰、易于导航的布局。

4. 评估界面效果

用户分析的结果可用于评估界面效果,并进行优化。通过用户分析,设计师可以了解用户对于特定界面元素、交互反馈和页面布局的反应。设计师可以根据用户反馈和行为,对界面进行调整和改进,以提升用户体验。例如,通过用户分析发现用户在一个电影观看应用中对某个交互元素的反应速度较慢,设计师可以优化该元素的响应时间来提高用户的满意度。

3.2　用户调研

3.2.1　用户调研的类型

用户调研的类型可以分为探索性调研、评价性调研和验证性调研。

1. 探索性调研

探索性调研是在 UI 设计之前进行的一种调研,其目的是发现用户的问题和需求。在进行探索性调研时,UI 设计师可以采用多种方法,比如访谈、观察和问卷调查等。通过与用户的交流和观察,UI 设计师可以了解用户的行为习惯、偏好、需求和痛点,从而确定产品或服务的范围和功能。

举个例子来说明,假设你是一家电商平台的 UI 设计师,你可能会在探索性调研中采访一些潜在用户,询问他们对于在线购物的体验和问题,并观察他们在使用其他电商平台时的行为。通过这些调研,你可能会发现用户对于搜索、筛选、购买和支付等功能的需求,以及一些用户常遇到的问题,比如界面复杂、信息混乱等。这些发现将有助于你在后续的UI 设计中解决用户的问题,提升用户体验。

2. 评价性调研

评价性调研是在 UI 设计过程中进行的一种调研,其目的是评估 UI 设计的可用性和易用性。在进行评价性调研时，UI 设计师可以采用多种方法，比如用户测试、用户反馈和专家评审等。通过评价性调研，UI 设计师可以了解用户在使用界面时的体验和问题，从而进行相应的优化和改进。

举个例子来说明，假设你是一家社交媒体应用的 UI 设计师，你可能会邀请一些用户来参加用户测试，观察他们在使用应用时的反应和行为，并记录下他们遇到的问题和建议。通过这些评价性调研的结果，你可以了解用户对于应用界面的易用性评价，以及可能存在的问题，比如按钮位置不直观、功能流程烦琐等。这些评价结果将有助于你优化用户界面，提升用户体验。

3. 验证性调研

验证性调研是在 UI 设计完成后进行的一种调研，其目的是验证 UI 设计的效果和价值。在进行验证性调研时，UI 设计师可以通过用户反馈、数据分析和用户行为统计等方法，了解用户对于 UI 设计的满意度和使用情况。这些验证性调研的结果将帮助 UI 设计师评估设计的成功度，并作为改进的依据。

举个例子来说明，假设你设计了一款旅游预订应用的界面，并在发布后进行了验证性调研。你可以通过用户的反馈、应用下载量和使用频率等数据来评估用户对于 UI 设计的满意度和使用情况。如果用户反馈较好，下载量和使用频率高，那么就证明你的 UI 设计是成功的，并且用户具有良好的用户体验。反之，如果用户反馈较差，下载量和使用频率低，那么你可能需要重新评估 UI 设计，并进行相应的改进。

3.2.2　用户调研的方法模型

（1）KANO 模型是一种用于了解用户需求的工具，它将产品功能分为不同的类别，包括基本需求、期望需求和意外需求。通过这种方法，UI 设计师可以更好地理解哪些功能对用户至关重要，从而更有针对性地进行设计。

举个例子来说明，假设你正在设计一款移动支付应用。通过 KANO 模型，你可能会发现用户对于快速支付功能、账户安全和操作方便的界面有基本需求。然而，他们可能也期望一些额外的功能，比如与朋友分享支付凭证的功能。而在意外需求方面，用户可能会因为应用提供了与商家互动的社交功能而感到惊喜。

（2）5W2H 法是一种系统性的问题提问法，可以帮助 UI 设计师全面了解用户需求。它包括七个问题：什么、为什么、哪里、谁、何时、如何和多少，通过回答这些问题可以揭示用户的真实需求和期望。

举个例子来说明，在设计一个社交媒体平台时，使用 5W2H 法，你可以问："用户希望在平台上分享什么内容？为什么他们选择使用社交媒体来分享？他们在什么地方使用社交媒体？主要的用户群体是谁？他们什么时候最常使用社交媒体？用户希望如何与朋友互动？他们愿意为这样的互动支付多少时间？"

（3）马斯洛需求层次理论将人类需求分为生理需求、安全需求、社交需求、尊重需求和自我实现需求五个层次。在 UI 设计中，理解用户的不同层次需求有助于创造更贴近用户心理的体验。

举个例子来说明，你正在设计一款健身应用。在马斯洛需求层次理论下，用户可能首先寻求满足生理需求,如关注锻炼计划和营养指导。随着满足了这些基本需求,他们可能开始关注社交需求,期望在应用中找到社区和寻求互动的机会,与其他健身爱好者分享经验。

（4）SWOT 模型通过分析产品或服务的优势、劣势、机会和威胁,帮助 UI 设计师深入了解市场环境和竞争状况,从而更好地进行设计。

举个例子来说明,你负责设计一个在线学习平台,使用 SWOT 模型可以帮助你识别出该市场的机会,如迅速增长的在线教育需求。同时,你也可以识别劣势,例如竞争对手可能提供更多的课程选择。通过了解这些方面,你可以针对性地设计出一个满足用户需求,同时克服竞争劣势的界面。

3.2.3　用户调研的技巧

（1）选择合适的用户群体:选择代表性的用户群体是用户调研的首要任务。你需要明确你的目标用户是谁,他们的特点和行为习惯是怎样的。根据产品或服务的定位,选择合适的年龄、性别、职业、兴趣等标准,确保用户群体是一个有代表性的样本。

举个例子来说明,如果你正在设计一款针对中老年人的健康管理应用,那么你的用户调研应该主要集中在这个年龄段的人群,以了解他们的健康需求和使用习惯。

（2）制定合理的用户任务:在用户调研中,为用户制定明确的任务是非常重要的。这些任务应该与产品或服务的功能和目标紧密相关,帮助你观察用户在真实场景中的行为。

举个例子来说明,如果你正在设计一款在线购物应用,你可以让用户执行任务,如查找特定商品、将商品添加到购物车并完成支付等。

（3）提出有效的用户问题:设计明确、开放性的问题可以帮助你深入了解用户的需求和反馈。应避免问引导性问题及双重否定的容易造成混淆的问题。

举个例子来说明,不要问"你不觉得这个功能很有用吗",而应该问"你觉得这个功能对你的日常生活有何影响"。

（4）记录准确的用户数据:使用适当的工具或方法(如记笔记,进行录音或录像)记录用户的行为、反应和评论。应确保记录准确,以便后续分析和整理。

举个例子来说明,在进行用户测试时,除了要记录用户的操作,还应记录他们在使用应用时的表情、言辞,以及他们的反馈意见。

（5）分析深入的用户洞察:用户调研的真正价值在于从用户的角度获得洞察。分析收集到的数据和信息,挖掘用户的需求、偏好和问题,为设计提供有针对性的解决方案。

举个例子来说明,通过分析用户调研数据,你可能会发现用户在购物应用中更看重的是快速找到商品并简单地完成购买,而不太在意应用的花哨特效。

用户调研是 UI 设计过程中不可或缺的一环,通过运用合适的技巧,你能够更好地理解用户需求、行为和期望,从而为设计提供更加有价值的指导和优化方向。

3.2.4　用户调研计划

（1）目标和目的。

在制定用户调研计划时,UI 设计师需要明确调研的目标和目的,这样可以在调研过程中保持关注重点,确保调研结果能够满足设计需求。

举个例子来说明，如果你正在设计一款健康管理应用，你的调研目标可能是了解用户的健康需求、习惯和行为，以便在设计中满足他们的目标和需求。

（2）范围和参与者。

确定调研的范围和参与者是制定调研计划的重要一环。这将帮助 UI 设计师确定调研的针对群体和相关人员的具体角色和职责。

举个例子来说明，如果你正在设计一款旅游应用，你的调研范围可能是常旅行的用户群体，参与者可能包括旅行爱好者、旅行社代表等。

（3）调研方法和工具。

选择合适的调研方法和工具是制定调研计划的关键环节。根据目标和参与者的需求，选择合适的方法和工具来收集用户的反馈和数据。

举个例子来说明，在旅游应用的调研中，你可能会选择使用焦点小组讨论、访谈、问卷调查等方法来收集用户对于不同旅行应用的体验和意见。

（4）时间和预算。

在制定调研计划时，UI 设计师需要考虑时间和预算的因素，合理安排调研的时间和预算，以确保调研能够按计划进行。

举个例子来说明，如果你的项目时间紧迫，你可能会优先选择短期的调研方式，如快速用户测试。而如果预算有限，你可能会选择采用在线问卷调查方法来进行调研。

（5）数据收集和分析。

用户调研计划还应包括数据收集和分析的方法和流程，确保数据的准确、有效收集，并提供相应的分析方法和工具，这样可以确保调研数据的整理和处理的高效性和准确性。

举个例子来说明，在用户调研中，你可能会采用录音和记笔记的方式记录用户的观点和建议，然后使用统计软件和数据可视化工具来分析调研数据。

制定用户调研计划是确保调研工作高效有序进行的关键步骤。通过制定明确的目标、范围、方法、时间和预算，并选择合适的数据收集和分析方法，UI 设计师可以确保用户调研的顺利进行，并获得有价值的用户洞察来指导设计工作。

3.2.5　用户调研的执行

（1）实施用户调研方法和工具。

根据用户调研计划，实施选择的用户调研方法和工具，这可能包括访谈、问卷调查、用户测试、焦点小组讨论等。确保参与调研的用户群体符合目标受众的特征，并按照预定的步骤和流程进行调研。

举个例子来说明，在设计一款电商平台的界面时，你可以邀请一些用户参与用户测试，观察他们的购物行为和反应，并通过与他们交流了解他们的需求和反馈。

（2）收集用户信息和数据。

在用户调研的执行过程中，收集和记录用户的信息和数据非常重要，这可以通过观察、访谈、问卷调查等方法进行。应确保收集的信息和数据准确、完整，并按照事先确定好的方式进行记录。

举个例子来说明，在进行访谈时，可以使用录音或记笔记等方式记录用户的回答、观点和建议。在问卷调查中,可以通过在线调查工具收集用户的意见和相关数据。

（3）分析用户数据和信息。

对收集到的用户数据和信息进行分析,以提取有价值的用户洞察,并解读用户的行为和需求。这可以通过总结和比较数据、观察用户的行为和表情、整理用户的回答等方式进行。

举个例子来说明,分析用户调研数据时,你可以查看用户的回答和观点,找出共同的主题和问题,并总结用户对产品的关注点和期望。

（4）提出改进建议。

对用户调研结果进行分析,为 UI 设计提出改进建议。这可能包括修改界面布局、改进功能设计、增加用户指引等方面的建议。确保改进建议与用户需求和行为相符,并能够直接提升用户体验和提高用户满意度。

举个例子来说明,根据用户调研结果,你发现用户对于购物应用中的支付流程感到困惑,你可以提出简化支付流程、增加支付方式选择提示等改进建议。

用户调研的执行是为了获得有用的用户信息和洞察,以指导 UI 设计。通过实施合适的用户调研方法和工具,收集用户信息和数据,分析用户数据和信息,提出改进建议,并持续进行优化和迭代,UI 设计师可以确保设计能够满足用户需求,提供出色的用户体验。

3.3　AI 参与用户调研

AI 通过网络爬虫技术自动抓取互联网上的用户评论、论坛帖子、社交媒体更新等,这些信息涵盖了广泛的用户反馈和意见。例如,企业可能对特定品牌或产品的提及感兴趣,AI 可以设置关键词进行监控,实时收集相关信息。收集到的数据会被输入预处理算法,去除噪声、重复项,并进行基本的清洗。之后,使用自然语言处理和情感分析等技术,对文本数据进行语义理解和情感倾向判断,识别用户满意度、抱怨或建议。它能够从大量细节中提炼出用户的关键特征,形成精细化的用户画像,包括但不限于用户的基本属性、兴趣偏好、购买行为等。并最终可以作用于电商网站的商品推荐等领域,还可以通过数据可视化工具和模板自动生成调研报告。它会汇总关键数据点、生成图表、分析趋势,并用自然语言生成解释性文字,使得报告既直观又易于理解,大大减少人工撰写报告的时间和工作量。

通过这些方式,AI 在用户调研中实现了从前端数据收集到后端分析报告出示的全面自动化和智能化,极大提高了研究的效率和准确性。

3.4　练一练:制作某款常用 APP 的用户体验地图

使用 Figma 的 figJam 画板来记录并制作用户体验地图

以"购物商城"作为示例,分析其"商品搜索与购买"的核心功能流程,请读者自行选择制作用户体验地图的 APP 或者网站。

用户旅程概述:想象一位用户从打开应用到完成商品购买的整个过程。

关键环节提取:识别用户在购买商品过程中经历的主要界面、操作及交互。

确定用户体验流程概览,再将流程细化并视觉化,使用"即时设计"方式来完成用户体验地图的绘制。

用户画像与情绪板

4.1　用户画像

4.1.1　用户画像的定义

用户画像是通过收集和整理与目标用户群体相关的数据和信息,绘制出的一个用户形象模板,是由用户角色和用户标签构成的。它的价值在于向运营、产品和技术团队展示用户身份,并且帮助团队形成统一的用户认知和理解。

用户角色是指在设计过程中考虑的特定用户身份和角色,他们可能具有不同的需求、偏好和行为方式。通过定义用户角色,我们能够更全面地了解用户在使用产品或服务时的背景、特征和动机。这有助于设计师在设计过程中有针对性地满足不同用户群体的需求,提升用户体验、提高产品的竞争力。

举一个健身类应用的例子,我们可以考虑不同的用户角色,如健身新手、久坐办公族和健身爱好者。对于健身新手,他们可能需要一个简单易懂的界面,以及适应他们能力和需求的训练计划和教程;而对于久坐办公族,他们可能需要一个提醒休息和锻炼的功能,以缓解长时间坐着带来的身体问题;对于健身爱好者,他们可能需要更专业的训练方案和进阶功能,以满足其对于挑战和个人发展的需求。

通过定义不同用户角色,我们可以更精确地把握用户群体的需求和特点,确保设计方案的准确性和个性化。这也有助于避免一刀切的设计,并可提供更优质的用户体验。

用户标签是指用户的一些关键属性和特征,如年龄、性别、地域、职业等,其有助于我们更好地理解用户群体,从而做出更准确的设计决策。通过分析用户的关键属性,我们能够确定他们的喜好、习惯和需求,并将这些因素纳入设计过程。

举一个商务旅行应用的例子,我们可以根据用户标签来区分不同的用户群体,例如商务人士、旅游爱好者和会议组织者。对于商务人士来说,他们更关注高效和便捷的出行安排,因此界面设计可以着重突出预订机票和酒店的功能。而对于旅游爱好者来说,他们更注重个性化和丰富的旅行体验,因此界面设计可以提供推荐景点、旅行路线和当地美食的功能。对于会议组织者来说,他们需要便于管理和协调参会人员的功能,因此界面设计可以提供会议日程安排和参会人员管理的功能。

通过分析用户标签，我们能够更准确地把握用户的特点和需求，从而提供更符合他们期望的产品和服务。这有助于增强用户的满意度和忠诚度，提高产品的竞争力。

4.1.2　用户画像的作用

（1）指导产品需求和功能的设计。用户画像可以提供与产品相关的信息和需求，通过了解用户的特点，设计师可以针对性地确定产品的功能和特性。

（2）优化用户体验和界面设计。通过用户画像，设计师可以了解用户的使用习惯、偏好和心理需求，从而设计出更符合用户期望的界面和交互方式。

（3）提高产品市场竞争力。用户画像可以帮助设计师找到产品的创新点和竞争优势，从而在市场中脱颖而出。通过用户画像，设计师可以了解用户的痛点和需求，在产品设计中加入独特的功能和特色，从而吸引用户，并增强产品的竞争力。

（4）降低产品开发的风险和成本。用户画像可以帮助设计师在产品开发初期就了解用户需求和行为模式，从而避免在后期开发过程中出现大幅度调整和重做的情况，降低开发风险和成本。

4.1.3　创建和应用用户画像的基本步骤和技巧

（1）用户研究。通过各种研究方法，如访谈、问卷调查、数据分析等，收集用户信息和数据，这些信息可以包括用户的个人背景、兴趣爱好、行为特征、使用习惯等。

（2）数据整合与分析。对收集到的用户数据进行整理和分析，归纳出用户的共性和差异，确定不同用户群体的特点和需求。这可以通过数据分析工具、统计报告，以及行为观察等来实现。

（3）定义用户角色和用户标签。根据收集到的用户数据，将用户划分为不同的角色和标签。用户角色可以根据用户在特定情境下的行为和目标进行分类，而用户标签则可以根据用户的关键属性和特征进行划分。

（4）创建用户画像。将用户角色和用户标签及用户需求等信息整合，形成具体的用户画像档案。这可以通过头像、详细描述、关键信息点等方式来呈现。

（5）应用用户画像。可以在界面设计、视觉表达、交互流程等方面参考用户画像，以此对界面和用户体验进行优化和个性化设计。

通过以上步骤和技巧，设计师能够创建出更具针对性和个性化的用户画像，并将其应用于 UI 设计过程，从而更好地满足用户需求，提升用户体验。

4.1.4　用户画像的创建

创建用户画像的主要方法是用户标签化，这是一个高度精练的过程，需要深入分析用户信息，以识别出关键特征标识。以下可帮助我们更全面地理解用户画像的创建过程。

（1）数据收集与分析。

用户画像的创建始于数据收集与分析。设计师需要收集各种用户数据，包括但不限于年龄、性别、地理位置、兴趣爱好、购买习惯、在线行为等。这些数据可以来自调查问卷、分析工具、社交媒体、用户反馈等。

（2）用户分群。

当拥有足够的数据，设计师开始将用户分成不同的群组，这些群组通常被称为"用户分群"。分群有助于将用户画像细化到更具体的层次，以便更好地满足各个群体的需求。

（3）特征标识。

特征标识是用户画像的核心部分，它包括那些能够明确定义用户群体的特征。这些特征可以是定量数据，如年龄分布，也可以是定性数据。

（4）用户故事。

为了更好地理解用户，设计师通常会创建用户故事，描述不同用户群体的使用场景和需求。这有助于将用户画像变得更具体和生动。

（5）迭代与优化。

用户画像不是一成不变的，随着时间和用户行为的变化，它需要不断迭代和优化。设计师应该定期审查和更新用户画像，以确保设计保持与用户需求的一致性。

用户画像的创建是一个动态的过程，需要不断地收集、分析和更新数据。

4.1.5　用户标签分类

（1）分层标签。

分层标签是一种根据分层规则对用户进行分类的方式。这种分类方式通常与AARRR模型（获取、激活、留存、变现、推荐）相关联，旨在识别用户在产品或服务的不同阶段所处的位置。

举个例子来说明，在设计一款手机应用时，我们可以使用分层标签来识别不同用户群体在不同阶段的行为。如对于新用户，我们可以标注"获取"标签；对于活跃用户，我们可以标注"激活"或"留存"标签。

（2）分群标签。

分群标签是一种根据分群规则对用户进行分类的方式，这种分类方式通常与RFM模型（最近一次消费时间、消费频率、消费金额）相关联，旨在识别用户的消费行为和价值。

举个例子来说明，在一个电子商务平台上，我们可以使用分群标签将用户分成不同的群组，如高频次购买者、高消费者、低价值用户等。这些标签可以帮助我们更好地了解用户的消费行为和需求，以便提供更有针对性的设计方案。

（3）个性化标签。

个性化标签是一种基于用户的个性化特征进行分类的方式。这种分类方式旨在更全面、完整、细致地标签化用户的兴趣爱好、消费偏好等信息，以便针对性地提供设计和推荐方案。

举个例子来说明，在一个内容推荐平台上，我们可以使用个性化标签来识别用户的兴趣爱好，如音乐偏好、电影喜好、旅游爱好等。这些标签可以帮助我们推荐更符合用户兴趣的内容，并设计更符合用户口味的界面和交互。

4.1.6　用户画像的应用

用户画像是通过收集和整理用户相关信息来描述用户特征和行为习惯的方法，它能够帮助我们更好地了解目标用户,从而以最佳方式设计出满足用户需求的产品。

(1)精准营销。通过用户画像进行个性化推荐或广告投放,我们可以更精确地将推广内容和广告展示给潜在的有购买力的用户。例如,如果用户画像显示一部分用户对特定品牌或产品感兴趣,设计师可以在相关界面进行更明显的展示,吸引这部分用户的注意。又或者,设计师可以根据用户画像中的消费偏好,提供相应的推荐产品,增加用户购买的可能性。

(2)数据分析。通过对用户画像进行数据挖掘或可视化分析,我们能够发现用户行为规律和异常情况,从而更好地理解他们的需求和偏好。

(3)产品设计。通过深入了解目标用户的特征和需求,并根据用户画像进行功能设计和界面设计,我们可以提高产品的易用性和美观性。例如,如果用户画像中的用户普遍偏好简洁清晰的界面,设计师就可以遵循这个原则,设计相应的界面风格和布局,提高产品的易用性。

在选择合适的用户画像时,设计师需要考虑以下几个方面。

(1)业务目标。不同的业务目标需要不同的用户画像。设计师需要明确所设计产品的主要目标,并将用户画像与之对应。

(2)用户数量和分布。设计师需要根据用户画像的数量和分布情况来选择合适的画像。

(3)反馈和数据支持。设计师可以通过与用户的互动和收集用户数据来建立用户画像。

4.2　情绪板

4.2.1　情绪板的定义

情绪板是通过设计元素和视觉效果在用户界面中表达和引导用户情绪的一种工具。旨在对各种设计元素进行搭配和运用,包括色彩、形状、线条、文字和动画等,来营造特定的视觉氛围和情感体验,使用户在与界面交互时能够感受到特定的情绪或情感。

情绪板可以根据情绪表达的不同和用户需求的不同而分为多个类型。以下是一些常见的情绪板类型及其特点。

(1)活力与兴奋情绪板。这类情绪板旨在创造出积极、愉快、充满活力的氛围。通常使用鲜艳、明亮、饱和度高的颜色,并结合动态的动画效果和活泼的形状来表达活力与兴奋。适用于设计与游戏、音乐或体育相关的界面,以及其他需要激发用户积极情绪的应用。

(2)平静与温暖情绪板。这类情绪板旨在创造出宁静、舒适、温暖的氛围。通常使用柔和、温暖的色调,采用较低的饱和度,并倾向于使用曲线、圆润的形状,以及柔和的线条来传达平静与温暖。适用于设计与社交、健康或家居相关的界面,以及其他需要传达舒适感的应用。

(3)友好与愉悦情绪板。这类情绪板旨在创造出友好、亲切、愉悦的氛围。通常使用柔和、明亮的色调,以及圆滑、亲切的形状和线条来表达友好与愉悦。适用于设计与社交媒体、购物或新闻相关的界面,以及其他需要传达友好感的应用。

除了以上列举的情绪板类型,还有许多其他类型的情绪板,如紧张与刺激情绪板、温和与安全情绪板等,可以根据设计需求和目标受众来选择和运用不同情绪板。

4.2.2　情绪板的作用和意义

(1)表达设计思想和情感。

通过选择特定的颜色、图像和字体样式,设计师可以在情绪板上呈现出设计的核心思想和所要传达的情感。例如,如果设计一款健康与健身的应用程序,情绪板可以展示清新的绿色、健康的食品图片,并采用充满活力的字体,以强调健康和活力的主题。

(2)沟通设计意图。

在设计项目中,设计师通常需要与客户、项目经理和开发团队进行沟通。情绪板可以作为一个共同的视觉语言,帮助不懂设计的人更好地理解设计意图。设计师可以使用情绪板来解释选择相应颜色、排版方式和图像的理由,并以此澄清设计决策。

(3)提升设计品质。

情绪板有助于确保设计的一致性和品质,它可以作为设计准则的参考,确保设计在不同页面和元素之间保持一致的情感和风格,这对于建立用户体验的连贯性至关重要。举个例子,一个酒店预订网站的情绪板可以包括高雅的图片、奢华的颜色和精致的字体,以确保整个网站传达出豪华和舒适的氛围。

(4)激发创意和探索可能性。

情绪板并不仅仅用于项目的初期阶段,它也可以在设计过程中不断演化,为设计师提供新的灵感和思考方向。设计师可以不断更新情绪板,探索不同的色彩、图像和排版选项,以找到最适合项目的表现方式。

(5)建立共鸣和情感连接。

最终用户与产品或应用程序之间的情感连接对于用户体验至关重要。情绪板可以帮助设计师创造出与目标用户共鸣的界面,使用户在使用产品时感受到愉悦、安心或兴奋等。

4.2.3　AI 辅助构建情绪板

可以通过以下几种方式辅助构建情绪板。

AI 可以根据项目简述或设计概念自动生成关键词,比如从"宁静海滨度假风"中提炼出"海浪""沙滩""日落"等关键词。

利用这些关键词,AI 在庞大的图像数据库中搜索相关的高质量图片,确保检索结果与所需情感和风格紧密匹配。

可以让 AI 分析图像中的情感色彩,挑选出最能传达目标情感的图片,比如选择那些色调柔和、构图放松的图片来表达"宁静",给出颜色方案建议。

色彩提取:AI 可以从选定的图像中自动提取主要颜色和配色方案,确保情绪板的颜色搭配和谐统一,符合设计的情感导向。

情绪色彩匹配:根据情绪板所要传达的情绪,AI 推荐最适合的色彩组合,因为不同色彩能够激发不同的情感反应。

4.3　练一练:使用 Figma 制作任意一款音乐 APP 的情绪板

首先明确你的音乐 APP 想要传达的情感和风格,比如高端奢华、简约现代、年轻活力等。

(1)收集素材。

根据主题,从网络上收集相关的图片、颜色样本、字体样式、图标、材质纹理等元素。可以是时尚产品照片、色彩搭配灵感、用户界面(UI)组件示例等。

使用 Figma 制作
任意一款音乐
APP 的情绪板

(2)新建文件。

登录 Figma 新建空白画板,调整尺寸以适应情绪板内容。

(3)规划布局。

在画板上规划不同的区域,用于放置色彩调色板、图片灵感、字体和图标示例、材质与纹理示例等。保持布局整洁有序,便于观看。

(4)导入素材。

色彩:创建一个色彩调色板区域,将收集到的色彩代码输入 Figma,形成调色板,这有助于统一 UI 设计的色彩方案。

图片:拖拽或上传图片至画板,这些图片可以反映目标用户群的生活方式、期望的购物体验或需要的产品类型。使用 Figma 的"帧"(Framer)功能来组织和调整图片大小。

字体与排版:展示 2~3 种候选字体,包括标题、正文和强调文字的示例,利用 Figma 的文字工具输入示例文本,调整字体大小、行距等,展现不同风格的文本呈现效果。

图标与 UI 组件:展示应用中可能使用的图标样式和界面元素,比如购物车、搜索栏、分类图标等,确保它们与整体风格一致。

注释：利用 Figma 的注释功能，在每个元素旁边或下方添加简短说明，解释该元素为何被选中，它如何代表 APP 的设计方向或情感价值。

（5）调整与优化。

审视整体布局，调整元素位置、大小，确保视觉平衡和谐，使用网格和对齐工具保持设计的一致性和专业度。

第5章
用户体验与信息架构

信息架构是一款产品结构层的重要组成部分。

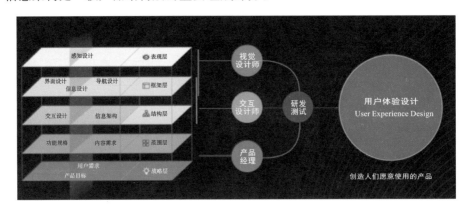

5.1 用户体验概述

本节主要介绍用户体验的概念、重要性、组成要素和评估方法。

5.1.1 用户体验的概念

用户体验从狭义上来说是用户对于产品或是服务的认知印象,是使用者的主观心理感受。这种心理感受主要包括感官体验(视觉、听觉、触觉等)和行为体验。从广义上来说,用户体验是从产品或服务的设计、销售到使用,整个生命周期中,用户参与的创造和使用的互动过程。

产品与服务的有用性与视觉体验决定用户的第一印象。产品或服务的友好性与易用性则在用户深入体验产品或者服务之后深度影响用户体验。

用户体验随着时间、环境等变化而不断变化,是多维度的。除了界面、交互、信息架构、功能等技术层面的用户体验之外,还包括了界面设计美感、品牌认知度、品牌形象等的用户体验。这一系列要素,都会对用户体验效果产生不同程度的影响。当一个APP界面设计很美观但功能太过复杂时，应当优化信息架构，将功能分级，将重要性较高的功能展示出来。

用户体验受使用场景和目标影响，不同的场景和目标可能导致不同的用户需求和期望，从而影响用户体验。比如，用户使用拼多多应用时，他们的目标通常是查找商品、下单购买，因此界面应简洁明了，操作流程也应简单直接。拼多多将搜索功能放在最上面，这符合用户的最大需求之一。而当用户使用一个社交应用时，他们的目标可能是与他人交流、分享信息，界面需要更加注重社交功能的设置和使用便捷性。

5.1.2　用户体验的重要性

当提到用户体验时，会想到什么？是产品交互的流畅自然，精美的界面设计，便捷的操作体验，还是贴心的小功能？在产品中加入也许连用户自己都没有想到的设计，可能会给用户带来惊喜，可能仅仅是一句文案、一个动画、一个彩蛋，便可以打动用户。那么，为什么都说用户体验重要？

（1）可以让用户感受产品的温度。

好的用户体验能满足用户情感化的需求，用户在选择产品时往往会受内心感性一面的驱动。所以要在用户和产品之间建立情感纽带，我们提供的不应该是一个冷冰冰的产品，而应让用户产生由衷的认同感和亲近感。例如 bilibili 软件，当用户打开视频时，它的加载页面不是一片空白，而是一个电视机小人在提醒加载的进度。这一设计十分贴近年轻人的心理，该细节拉近了 APP 与用户的距离。

（2）用户体验是一种新的产品竞争力。

移动互联网时代，每天都有抓人眼球的新鲜事物诞生，用户有了更多的选择，也变得越来越"聪明"和"挑剔"。当技术已不再是产品核心竞争力时，产品竞争的实质就是用户体验之争。

产品如果不能与时俱进，不断提高用户的满意度，那么它会慢慢消失在时间的洪流中。诺基亚曾经是手机行业巨头之一，但它老旧的 Symbian 系统没能迅速跟上智能手机的发展，甚至其所开发的应用不能与手机兼容，最终损失掉很大市场。重视用户体验，在产品设计初期深入了解目标用户需求，在每一个环节超出用户预期，给他们带来惊喜，才能在竞争激烈的环境中占据一席之地。

（3）好的用户体验能节省用户时间成本。

好的用户体验能够降低用户的学习成本，节省用户时间。美国专门从事跟踪 IT 项目的权威机构 Standish Group 曾发表一份研究报告，称 64％ 的软件功能"从未使用或极少使用"。大多数人常使用手机微信聊天、用手机打电话，却不会花时间研究所有 APP 的功能硬件。

　　人们喜欢简单、适应性快的产品，冗杂的产品功能反而会引起用户的反感。比如共享单车领域之争，摩拜在早期推出智能锁，用户可一键开锁，十分简单方便；而 ofo 最开始使用传统的机械密码锁，没有 GPS 定位，用户找车麻烦、输入密码需要时间，甚至出现车锁密码被共享的一系列问题，被用户大量诟病，ofo 很快意识到问题并推出与摩拜类似的智能锁，节约了用户的时间成本，提升了用户体验。

5.1.3　用户体验的组成要素

　　每一个产品的细节，都应该通过完整的架构去建设，要想提升用户体验，避免不了要研究用户体验的组成要素。用户体验的组成要素有战略层、范围层、结构层、框架层和表现层，这提供了一个基本架构，只有在这个基本架构上，才能讨论用户体验的问题，以及讨论用什么工具来优化用户体验。

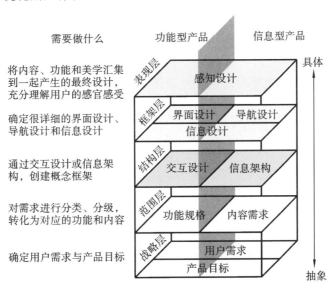

（1）战略层。

战略层是产品设计的根基，也是产品设计的方向，在这一层主要规划的内容是产品目标和用户需求。

我们需要规划人生，家庭需要规划未来，国家也需要规划战略，所以产品也需要做好产品规划。因此，在企业与用户之间，一套成功的、被明确表达的"战略"，不仅可以帮助其他人（设计师、程序员、信息架构师、项目经理）做出正确的决定，而且对于与用户体验有关的各个方面（包括功能、流程、设计和服务）的确立和制定，也有极大的帮助。举个例子，抖音因为战略需要，增加了团购及抖店功能来分市场蛋糕，用户观看了带有诱导消费的短视频，消费需求在短期被激活之后，通过视频播放界面的左下角显眼位置处的窗口可快速跳转到购买页面来快速进入付费链路，从而将流量快速变现。

（2）范围层。

确定了产品目标和需要解决的用户需求后，就要定下来怎么做，做什么。对于资讯内容类产品，还需要考虑内容需求，即要做什么样的内容。

举个例子，假设我们要设计一个社交网络平台的界面，在范围层，我们需要确定这个平台主要为用户提供交流、分享和社交的功能，我们要评估用户的需求，了解他们对于社交网络平台的期望，进一步确定产品的目标和功能。在确定范围时，我们需要考虑不同用户群体的需求和特点。例如，女性用户可能更注重社交互动和多彩的界面设计，如使用小红书的女性用户居多；而男性用户可能更关注职业化的功能和简洁高效的界面，如使用知乎、贴吧的男性用户居多。所以这一层要评估和优化需求，确定产品或服务的有用性。

（3）结构层。

确定战略层和范围层后，接下来就是将这些概念形成一个结构。结构层中包含交互设计和信息架构的内容，也就是产品怎么做，怎么与用户交互，怎么让用户清晰、有序地接触到产品中的内容，即怎样组织和串联功能或特性，以及如何实现产品或服务的交互流程。

如何让用户轻松地通过界面完成各种操作？我们需要设计一个明确的导航系统，确保用户可以快速找到所需的功能模块和信息。在设计结构时，我们要考虑用户的使用习惯和心理预期。例如，浏览器的导航栏通常位于顶部，用户在使用社交网络平台时也希望能轻松找到导航栏。此外，我们还可以通过分层次和逻辑化的信息架构，帮助用户更好地理解和使用产品。

（4）框架层。

在框架层，产品中组件、元素的位置都需要确定，这一层中包含了界面设计、导航设计和信息设计 3 个板块。

在框架层，我们需要确定这个 APP 应该具备的功能和界面，以及如何设计导航和信息结构。假设我们要设计一款旅游预订 APP 的界面，那我们就需要确定该旅游 APP 的用户注册和登录界面，此外还要有一个直观的且易于导航的首页，其包含重要的功能入口，如预订、搜索、热门旅游目的地推荐等，确保用户可以快速找到所需功能；应设计清晰明了的产品展示页面，以图片、文字和关键信息的形式展示旅游产品、酒店房型、套餐、价格等；还需要预订和支付、个人中心、订单管理、评价评论等和旅游相关的需求界面，将它们一一列出来做成一个框架图，就是该旅游 APP 框架层要做的事情。

除此之外，还需要提炼产品结构，细化界面设计，优化文案等，确保产品具备良好的用户体验和友好性。在设计框架时，我们需要考虑用户的视觉感受和交互习惯。

（5）表现层。

表现层是用户首先接触到的地方，不仅要满足产品功能、内容、UI 的综合目标，也要给用户以较好的感知。产品的表现层可以决定用户对产品的感觉。

表现层是设计师决定产品或服务的外观和表现的层级，涉及视觉设计、声音设计、体感设计等。表现层的设计涉及如何确定界面的颜色、排版方式等，以及是否使用声音效果和触感反馈等。我们需要关注用户的感官体验，确保产品外观符合品牌形象，以呈现令人愉悦的视觉效果。在设计表现层时，我们可以运用色彩心理学，以及排版原则等视觉设计原则，创造出具有吸引力和易于辨识的界面。同时，通过使用合适的声音效果和触感反馈，增强用户的感知性和交互体验。

因此，这一层要关注感知设计，确定产品或服务的感知性。

5.1.4　用户体验的评估方法

用户体验的评估方法包括可用性测试、满意度调查、用户访谈等，旨在量化和优化用户体验。

5.2　信息架构概述

5.2.1　信息架构的概念、功能和重要性

（1）信息架构的概念。

在产品设计中，信息架构（information architecture，IA）扮演着至关重要的角色。信息架构设计是对信息进行结构、组织方式及归类方式的设计，好让用户容易使用与理解产品，其实就是将人与人想获取的信息联系起来，使信息呈现更明晰、获取更容易。简单来说，信息架构可以用来判断某一功能是否需要存在。根据不同产品形态和用户需求，可以选择不同类型的信息架构结构，常见的结构有线性结构、层级结构、自然结构和矩阵结构。信息架构的主要任务是为信息与用户认知之间搭建一座畅通的桥梁，其是信息直观表达的载体。通俗来讲，信息架构用于研究信息的表达和传递。

（2）信息架构的功能。

信息架构是产品的骨架，它决定了产品包含的内容及内容之间的关系，也决定了用户对于产品功能的直观感受。通过合理地结构化和组织化信息，它能够提供清晰明了的导航体验、增强产品可用性和易用性、优化搜索功能和提高页面加载速度，并促进信息的可扩展性发展，使用户能够快速找到自己所需要的内容。

例如,我们在网上购物,以京东平台为例,可以直接在搜索框搜索自己想要的东西,也可以通过导航栏找到目标物品(手机/运营商/数码→手机配件→手机壳)。

(3)信息架构的重要性。

信息架构的目标是创建一个清晰、逻辑一致且易于使用的产品结构,以提供良好的用户体验。想要达到该目标,理解信息架构的重要性是必不可少的,其重要性体现在内容组织、标签和词汇选择、导航和搜索、信息的可访问性。

内容组织:信息架构帮助设计师确定如何组织和分类产品中的信息。通过深入了解用户需求和行为,设计师可以创建一个逻辑一致的信息结构。这包括决定页面或屏幕之间的关系,例如设置主导航、次级导航、目录结构等。

标签和词汇选择:信息架构需要定义和使用明确的标签和词汇,以帮助用户理解和导航产品。一致的术语和标签可以减少用户对功能和页面的混淆和迷失。设计师需要考虑用户的语言习惯和理解能力,选择适当的术语和标签。京东 APP 里的抢购、包邮、秒杀等词汇就是它的标签。

导航和搜索:信息架构在导航和搜索方面起着重要作用,设计师应提供直观明了的导航栏、菜单和链接,以帮助用户浏览和定位到所需的信息。另外,提供一个有效的搜索功能可以使用户更快地找到目标内容。

信息的可访问性:考虑到不同用户的需求和在特定情境下使用产品,产品设计需要确保信息的可访问性,以满足用户的多样需求,例如提供适应屏幕阅读器的内容、提供多语言支持等。

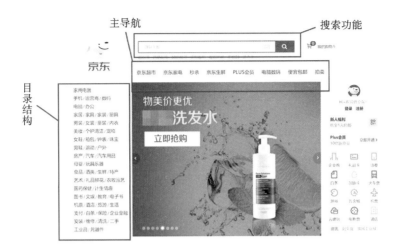

因此，在产品设计过程中应充分重视并合理运用信息架构，它可为用户提供良好的使用体验，同时也为设计师提供了指导和规划产品的方法。

5.2.2 信息架构的结构

（1）线性结构。

适用于产品形态简单、页面内容有明确的顺序和流程的情况。线性结构通过按顺序呈现信息和内容，引导用户按照预定的步骤进行浏览、了解和互动。这种结构常见于故事性的产品，如电子书、教程或导航式应用。

（2）层级结构。

适用于内容较多且需要层次化展示的产品。层级结构将信息按主次关系分层次展示，使用户能够逐级深入了解产品。适合有目的的查找，一般设计此种结构时需要有效平衡设计广度和深度。这种结构常见于网站、应用的菜单栏和导航栏，以及多级分类的产品。

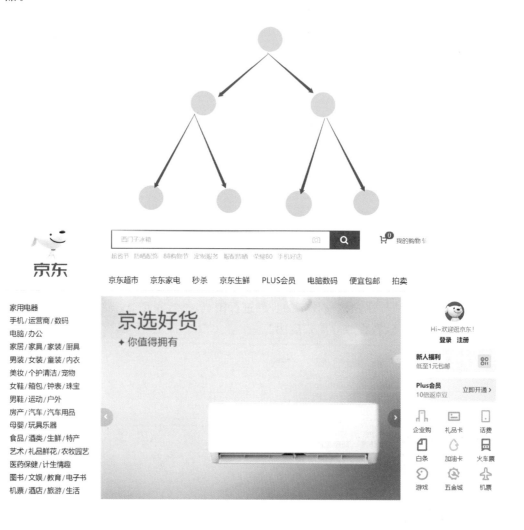

（3）自然结构。

适用于需要以自然方式组织和展示信息的产品。自然结构根据用户已有的知识、经验或心理模型来组织信息，使用户能够自然地理解产品。这种结构常见于内容聚合产品、社交媒体等，以用户感知和理解的方式组织信息。

（4）矩阵结构。

适用于需求交叉和需要通过多个维度进行展示的产品。矩阵结构使用交叉表格矩阵的形式，方便用户根据不同维度、属性或分类对目标进行筛选、排序和对比。这种结构常见于具有产品搜索、筛选或价格对比等功能的需求较复杂的产品。

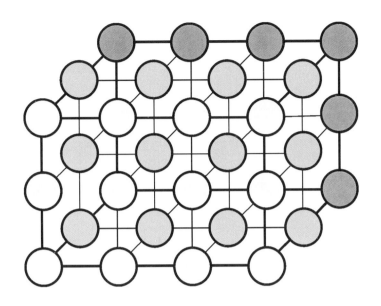

选择合适的信息架构结构需要综合考虑产品形态和用户需求。可以通过用户研究和用户测试来了解用户的行为和期望，以确定最适合产品的信息架构结构。同时，也需要根据产品的特点和目标，选择能够最好地满足用户需求和能提供良好用户体验的结构。

5.3　信息架构的设计方法

信息架构的设计方法是指进行信息架构设计时所采用的步骤和技巧，通常有自上而下法和自下而上法两种方法。自上而下法是从产品战略层面出发考虑产品规划、产品目标，抽象出最广泛的内容与功能，后续再不断填充；自下而上法是从用户需求出发，首先收集并筛选用户需求，并将其放在最底层的分类，然后不断向上抽象，直到无法再进一步抽象时，最后得到的内容便是最终的信息架构。

5.4　信息架构的表达

在 UI 设计中，信息架构涉及如何组织和呈现页面内容，以使用户能够轻松地找到所需信息并优化用户体验。不同类型的信息架构设计可以通过不同的表达方式来呈现。没有标准的信息架构表达模式，只要能够向受众传达清楚意图，采用什么样的表达形式都是可以的。常用的表达方法为信息架构图和逻辑流程图。

信息架构图是一种以图形化的形式展示页面内容组织结构的设计工具。它可以用来表示不同页面之间的关系，包括主菜单、子页面、模块等，以便用户能够轻松导航和访问所需信息。例如，在一个电商网站的信息架构图中，可以通过把不同的商品分类、子分类与主菜单进行关联，展示出整个网站的层次结构，便于用户浏览和搜索物品。

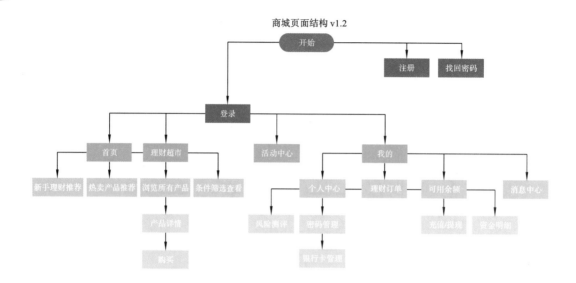

　　逻辑流程图是一种用来描绘页面内部交互和操作流程的设计工具,它可以表达用户在页面上的操作路径、交互元素之间的关系和处理逻辑等信息。例如,在一个在线购物网站的逻辑流程图中,可以通过箭头和形状来表示用户的点击行为、页面跳转、表单提交等,以便用户能够理解并进行相应的操作。

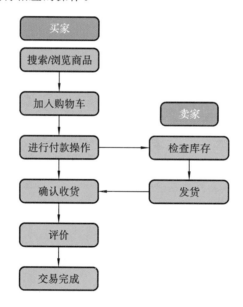

　　不同类型的信息架构设计的表达方式如下。

（1）层次式信息架构设计。

信息架构图表达方式:通过树状结构图展示主菜单、子菜单和链接之间的关系。

逻辑流程图表达方式:通过箭头来表示用户从一个层级跳转到另一个层级的路径。

（2）线性式信息架构设计。

信息架构图表达方式:通过线性排列的方式展示内容的顺序和流程。

逻辑流程图表达方式：通过箭头和形状表示步骤和操作流程。

（3）网状式信息架构设计。

信息架构图表达方式：通过网络结构图展示不同内容之间的关联和交叉。

逻辑流程图表达方式：通过箭头、形状和链接来表示用户在网状结构中的跳跃和转换。

通过信息架构图和逻辑流程图，设计师可以更直观地展示页面的结构和导航方式，帮助用户理解和使用网站或应用程序。这些图形工具使 UI 设计师能够在设计阶段考虑用户需求和行为习惯，并为其提供良好的用户体验。

5.5　练一练：使用 Figma 绘制信息架构图

信息架构图是展示产品内容组织结构和导航流程的可视化工具，对于理解用户如何与产品交互至关重要。在 Figma 中绘制信息架构图可以帮助团队成员清晰地看到应用或网站的结构层次。下面是使用 Figma 创建一个在线书店信息架构图的步骤。

（1）准备工作。

需求分析：首先，明确在线书店的主要功能模块和用户需求，例如首页、图书分类、搜索、购物车、个人中心等。

草图构思：在正式绘制之前，可以在纸上或白板上简单勾勒信息架构的草图，规划层级关系。

（2）Figma 操作步骤。

新建项目：登录 Figma，创建一个新的项目文件，命名为"在线书店信息架构图"。

选择合适的模板或新建画布：Figma 虽然没有专门的信息架构模板，但你可以选择一个空白画板或者以网格系统为基础开始绘制。

使用矩形和文本工具：在左侧工具栏选择矩形工具，绘制不同大小的矩形代表信息架构的不同层级，例如，最大的矩形可以代表一级导航项；使用文本工具在每个矩形内输入相应的功能模块名称，如"首页""图书分类""购物车"等。

建立层级关系：利用矩形表现层次结构，较大的矩形位于顶部或左侧，代表更高级别的分类；使用箭头或连接线（可以通过绘制线条并调整样式来实现）表明从属关系，展示用户如何从一个页面导航到另一个页面。

信息架构图通常较为简洁，适当使用不同的颜色区分功能区域或不同模块的重要程度，可以使其更加清晰易读。

可以从 Figma 的图标库中选择合适的图标来代表特定功能，如选用购物车图标、搜索图标等。

第三部分

UI设计的基础元素

布局和网格系统

6.1 布局的原理和技巧

布局是指在设计中对页面元素的位置、大小、形状、颜色等进行合理安排和组合，以达到美观、清晰的目的。布局是 UI 设计中最基本、最重要的环节，它决定了页面的视觉效果和交互逻辑。本节将介绍布局的基本原理，以及布局的常用技巧。

好的布局设计是与目标相关的，体现在良好的用户体验中，对于每个 APP 或者网站来说都至关重要。在 UI 设计中，我们可以利用合理布局去引导用户的视觉路径，使用户的视线可以分组，提高效率，减少干扰，提高页面被快速浏览的可能性，还有利于突出显示最重要的数据。

不同样式的布局，会带给用户不一样的感受，也会直接影响到产品的美观度。并且不同的产品有不同的属性，我们需要根据产品的不同属性，采用不同的布局样式，使产品在激烈的竞争中脱颖而出。

6.1.1 布局的基本原理

（1）保证清晰度。

要想设计的界面有效并被人喜欢，必须让用户能够识别它、知道为什么使用它、能够预料到发生什么并成功地与它交互。有的界面设计得不是太清晰，虽然能够满足用户一时的需求，但并非长久之计，且会使用户体验感较差。清晰的界面能够吸引用户不断地重复使用。

（2）确定好尺寸与层级结构。

界面中不同大小尺寸元素排列不同所产生的层级结构有助于用户决策，其本质是优先考虑重要内容，在页面中保持重要的信息占比更大、更明显。吸引用户并让用户自然地去阅读，快速看到关键信息并作出决定。采用不同大小尺寸元素是区分网站中重要内容与非重要内容的最好方法，这就是为什么首页布局通常具有分层的信息块的原因。打造明确的视觉层级结构，使页面内容的主次关系更加清晰和合理，可方便用户理解页面信息。

例如爱奇艺网站的布局设计，在中间位置优先展示热映的影视剧，突出重点，吸引用户点击观看,下方的影视剧展示则相对弱化了很多。

电影《长安三万里》的影片详情页中,保持了清晰的视觉层级关系。进入该详情页,首先会看到页面顶部的预告片和大尺寸的白色高亮播放按钮,往下才是影片信息和其他内容及功能。

（3）确定好间距与留白。

布局是通过元素之间的间隔或负空间来体现的,所以它的形式取决于元素之间的距离。这里通常会采用亲密性原则,简单来说就是将相关联的元素组织在一起,关系近的距离近,关系远的距离远。合理使用亲密性原则,通过元素的间距大小,做好版面划分,有效区分内容间的关联程度,用适当的留白给界面带来呼吸感,使页面布局清晰、有条理的同时,更丰富美观。如图所示,左边的留白更多,会更具有呼吸感。

（4）打破统一的布局。

过于统一的布局方式会让页面看起来比较单调,无法突出重点。如果想让页面中的某个内容吸引用户的注意力,可以尝试在打破一致的布局情况下,让页面看起来更有节奏,让内容变化吸引用户的注意力,让信息的阅读变得更加有趣。

如图所示,华为官网中的产品图片展示简洁美观,且四张图采用不同的尺寸,打破了统一的布局,看起来更富有节奏感和动感。

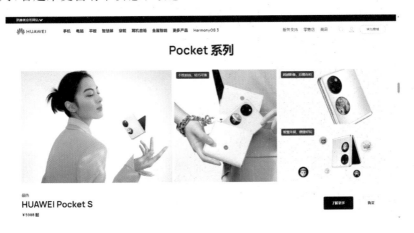

（5）适当采用非对称布局。

对称布局和非对称布局在日常设计中都很常见。对称布局能够让页面更加统一整洁，但也会导致页面效果缺少对比，比较单调。而非对称布局刚好可以弥补这个缺点，在保证排版整齐的基础上增强页面的对比关系，让页面看起来更有吸引力，能够表现出更多的动感和活力，更能引起人们的兴趣。

下面这一来自 500px 官网的界面设计采用了弧形，流畅的线条和非对称布局带给用户充满动感和活力的体验感。

（6）采用叠加方式。

将一个元素叠加在另一个元素上，可以产生有深度的效果，使二维的布局构图更加真实。但是在叠加元素时应注意文字和背景的对比度，避免出现可读性差的问题，否则会大大降低用户体验感。

OPPO 官网界面布局采用了叠加的方式，将文字和按钮叠加于图片之上，平衡了用户界面设计的平面世界和平面设计可能具有的三维风格，仿佛下一秒这个手机产品就要冲出画面。

（7）使用网格。

使用网格作为辅助进行页面设计，可以更准确地定义页面布局，并给页面带来高度的一致性。具体内容将在第 6.2 节中详细介绍。

（8）保持对比性。

在设计页面的布局关系时，要尽可能做到图文色彩搭配，保证既要有文字、按钮等元素，也要有一定量的图片，让页面在相对统一中保持对比性。

①文字。

字体：字体在很大程度上决定页面的美观度，因此，结合产品本身选择或设计风格相适应的字体可以大大提升美感。

字号：在一篇文章里，可通过不同的字号来区分信息的重要级。我们可以先确定正文的字号，再根据需要调节大标题、小标题及注释等文字的字号。

留白：字间距≥行间距≥段落间距的排布方式会增强文字易读性和提升用户体验。

行间距、行高：行与行之间的间距如果太宽，会使视线移动距离过长，给用户造成浏览负担；一般行高是字体高度的 1.6～2 倍，因为不同字体的固有高度不同，所以这个数值需要根据实际情况调节。

②图片。

图片是构成界面的重要元素之一，它可以帮助我们更好地丰富界面，因此，选图时要注意以下几点。

a. 应结合产品自身的个性选图。

b. 当没有图片的时候，可用图形来丰富界面，如下图所示的界面，在没有实物图片的情况下，可设计简单明确的图形，让用户通过对图标的认知快速找到想要的功能和需求点，同时增加界面的趣味性。

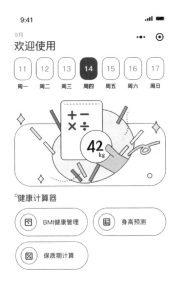

c.当有更多的图片供选择时,可以考虑采用不同的构图形式,但是要注意图片色调要统一。

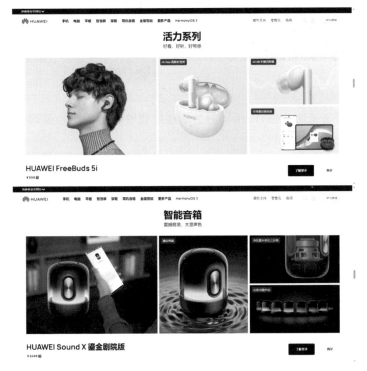

③色彩。

采用同色系可带来简约感,而不同颜色的碰撞能够起到对比和强调作用,增强界面的条理性,让用户感受到重要信息。

6.1.2　布局的常用技巧

（1）列表式布局。

场景：适合用来显示较长的平级菜单。

特点：内容从上向下排列，通常用于并列元素的展示；纵向长度没有限制，上下滑动可查看无限内容；内容层级展示清晰明了。

优点：层次展示清晰，能让用户清晰明了知道页面内容；视觉流线从上向下，浏览快捷；可展示内容较长的菜单或拥有次级文字内容的标题。

不足：导航之间的跳转要回到初始点；同级内容过多时用户浏览容易产生疲劳；排版灵活性不高；只能通过排列顺序、颜色来区分各入口的重要程度。

（2）陈列馆式布局（瀑布流布局）。

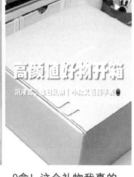

带点精致的小板鞋才好
看呐！！嫩绿色我好爱
夏饭仙子　♡ 5622

9命！这个礼物我真的
好喜欢！！
饭饭好运来！　♡ 196

10💰，每个家庭都需
要！！

9命！用了这个简直打
开了新世界的大门…

　　场景：适用于以图片为主的单一浏览型内容的展示，且实时内容频繁更新、内容较多的情况。

　　特点：布局比较灵活，设计时可以平均分布网络，也可根据内容的重要性不规则分布网格。相对于列表式布局，其优点在于，同样的高度下可放置更多的菜单，更具有流动性。

　　优点：图片展现具有吸引力；可直观展现各项内容；瀑布流加载模式方便用户浏览经常更新的内容且容易沉浸其中；可巧妙利用视觉层级进行错落有致的设计，缓解用户视觉疲劳。

　　不足：不适合展现顶层入口框架；容易使界面内容过多，显得杂乱；设计效果容易呆板。

（3）宫格式布局。

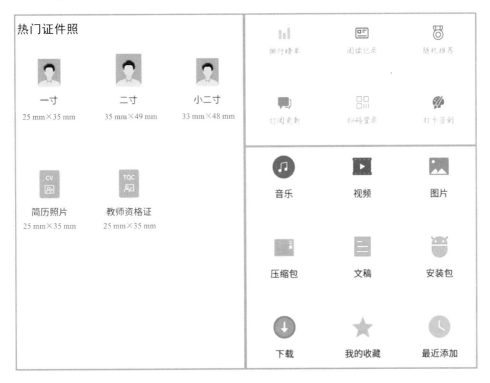

场景：广泛应用于各平台系统的中心页面，适合入口比较多、导航之间的切换不是很频繁、业务之间相对独立的场景。

特点：相比陈列馆式布局，其布局比较稳定，为一行三列式布局，又称九宫格布局。

优点：能清晰展现各入口；容易让用户记住各入口位置，方便用户进行快速查找；扩展性好，便于组合不同的信息类型。

不足：菜单之间的跳转要回到初始点；无法直接向用户介绍大概的功能，初始状态不如列表式布局明朗；容易形成更深的路径；不能直接展现入口内容；不能显示太多入口次级内容。

（4）选项卡式布局。

场景：大部分用在移动端的底部，少部分用在顶部，可方便用户操作，用户进行页面切

换的时候,选中的状态高亮显示,适合分类少的内容的展示,导航菜单项数量为 3～5 个;适用于各导航菜单项之间内容/功能有显著差异,用户在各个导航菜单项之间需要频繁进行切换操作的场景。

特点:导航菜单项一直存在,具有选中态,可快速切换到另一个导航菜单项中。

优点:可减少界面跳转的层级;分类位置固定;可让用户清楚知道当前所在的入口位置;可让用户轻松在各入口间频繁跳转且不会迷失方向;可直接展现最重要入口的内容信息。

不足:功能入口过多时,该布局会显得笨重、不实用。

(5)轮播式布局(旋转木马式布局)。

场景:适合数量少、聚焦度高、视觉冲击力强的图片的展示。

特点:重点展示一个对象,通过手势滑动可按顺序查看更多内容。

优点:单页面内容整体性强,聚焦度高;线性的浏览方式有顺畅感、方向感。

不足:受屏幕宽度限制,它可显示的内容数量较少,需要用户进行主动探索;各页面内容结构相似,容易使用户忽略后面的内容;用户不能跳跃性地查看间隔的页面,只能按顺序查看相邻的页面。

(6)行为扩展式布局。

场景:适合分类多且内容要同时展示,展示的信息也比较多的场景。

特点:能在一屏内显示更多的细节,无须页面跳转。

优点:减少界面跳转的层级;可让用户对分类有整体性的了解,清楚当前所在的入口位置。

不足:分类位置不固定,当展开的内容比较多时,跨分类跳转不方便。

（7）多面板布局。

场景：通常用于需要同时展示较多分类与内容的场景。

特点：能同时呈现比较多的分类及内容。

优点：减少界面跳转的层级；可让用户对分类有整体性的了解，清楚当前所在的入口位置；分类位置固定。

不足：界面比较拥挤，不够美观。

（8）卡片布局。

场景：通常适用于以图片为主的单一浏览型内容的展示。

优点：每张卡片信息承载量大，转化率高；每张卡片的操作相互独立，互不干扰；卡片以浓缩的形式提供快速且相关的信息；所有卡片均具有交互性。

（9）抽屉式布局。

主要适合主内容较多,不希望菜单栏占据固定位置消耗空间的场景,在交互体验上更为自然,通常从左右两侧点击或滑动导出。

（10）图表式布局。

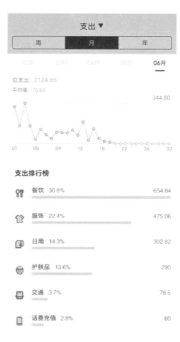

　　图表式布局是最近最为流行的布局方式之一，能通过图表的方式直接呈现信息，常见于新媒体平台后台数据展示、记账软件等，其直观性、整体性较强，但展示的内容有限。

　　（11）F 型布局。

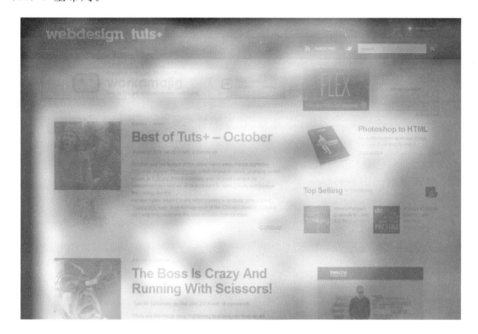

　　F 型布局是一种很科学的布局方法，其依据了大量的眼动研究。上面这张 webdesign tuts＋的眼动热点图展示了用户浏览此网站的视觉轨迹，呈 F 型。热区（图中红色、黄色、橙色部分）代表用户注意力最集中的地方，浏览视线类似下图。

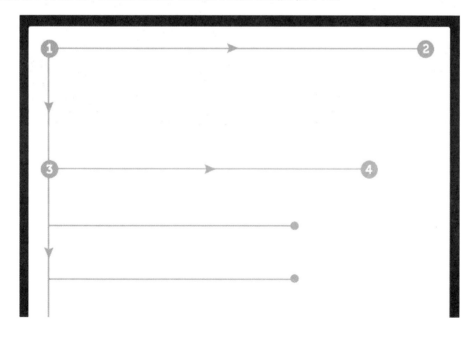

因此,我们习惯性地把重要元素(诸如 logo、导航栏、行为召唤控件)放在左边,而右边一般放置一些对用户无关紧要的广告信息。

用户浏览网页的一般模式为,先看看页面的左上角,了解一下这是什么网站(因此此处适合放置 logo);然后扫描一下页面的顶部(导航栏、搜索栏),了解用法;接着视线下移,开始阅读下一行的内容。即用户的阅读顺序一般是从上到下,从左到右,用户往往会忽视右侧边的内容。

因此,品牌标志和导航栏一般放在页面的顶部,为用户打造对网站的第一印象。在内容结构中,图片更容易获得关注,用户浏览完图片后,下一个关注点便是标题,用户会大致浏览文本,但是往往不会通读文本,因此,设计者不要在右侧边下太大功夫,应该把内容栏放在用户注意力高度集中的左边。

F 型布局原理:符合用户"从上到下,从左到右"的阅读模式。

弊端:最有价值的内容只能放置在页面顶部,略显俗套;文本内容无法有效引起用户注意;网页过分注重对"标题"和"图像"的包装,不符合内容至上的原则。

此外,建议在右侧边呈递和网站相关的内容,如和网站主题相关的链接、广告、阅读推荐等,而不要为了获利放置低俗的、与内容不相干的广告,也可以设置一些网站内容检索工具。

(12) Z 型布局。

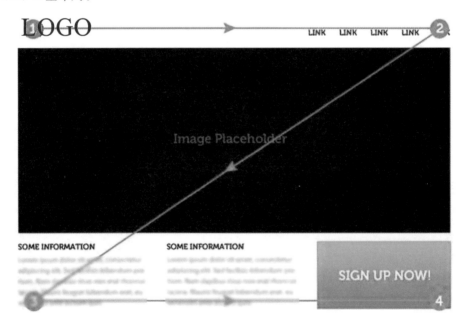

用户的阅读方式其实是扫描,轨迹大致为从左到右,从上到下,首先,用户从左上角到右上角进行扫描,形成一条水平线;然后向页面的左下侧,创建一条对角线;最后,再次向右转,形成第二条水平线,整体类似字母 Z。且无论是书本还是网页,大多数人都是这么进行浏览的。

Z 型布局的扫描发生在不以文本为中心的页面上(对于文本繁重的页面,如文章或搜索结果，最好使用 F 型布局），这很好地解决了需要被看到的几个关键元素的设计问题。以主要围绕一个到两个主要元素的简约页面或登录页面来实现 Z 型布局，其中，具有简约性和号召性是最重要的原则。

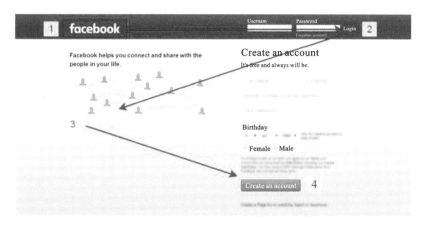

可利用 Z 型布局，沿着扫描路径放置重要元素和信息。

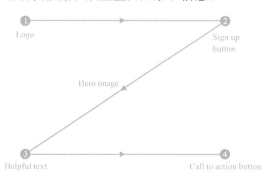

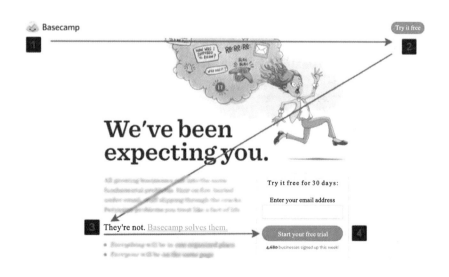

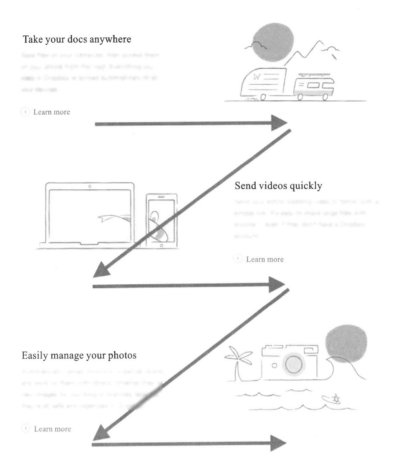

（13）O 型布局。

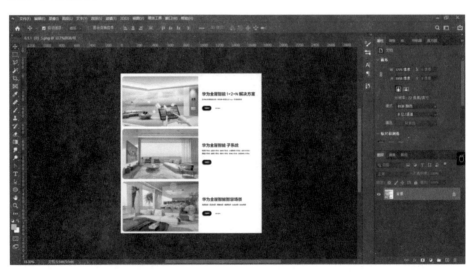

O 型布局主要是包围型布局，常见于各种制作软件或网站的界面，如 Ps、Pr 等软件就采用了 O 型布局，即用户需要的各种工具分布在四周，制作展示界面位于中间。其优势在于可以尽可能多地容纳工具，并可以根据用户需求和使用习惯更改布局、调出窗口和工具。但也存在对用户熟悉度有要求、界面元素太多容易让人眼花缭乱、容易分散用户注意力等问题。

在实际应用中，布局方式远远不止这些，并且有时会结合使用多种模式，其核心在于删繁就简、阐明演绎、修饰美化。设计师一定要清晰了解产品的主旨目标、用户群体等信息，合理运用布局，保证感官上的舒适，采用合理的设计思维和理论，将理性与感性相结合。

6.2 网格系统的概念和应用

网格系统（又称网络）是一种设计工具，它将页面划分为若干个等宽或不等宽的列，以及若干个水平或垂直的间隔，从而形成一个网格状的结构，帮助设计师在页面上进行元素的对齐和排版。网格系统可以让页面更加有序、统一和协调，也可以让页面更加灵活、自由。

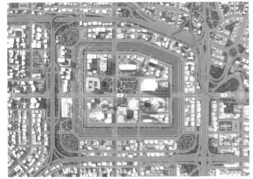

6.2.1　网格系统的基本概念及作用

（1）基本概念。

网格系统由一系列水平和垂直交叉参考线构成，将页面分割成若干个有规律的列或格子，再以这些格子为基准，控制页面元素之间的对齐和比例关系，从而搭建出一个具有高度秩序性的页面框架。网格系统是设计项目的结构基础，可以辅助我们有序布局，让元素之间更加规范统一、整个页面更加规范整洁，易于用户理解，从而提升用户体验。简单来说，网格是设计的辅助工具，是在版面上按照预先确定好的格子分配文字和图片的一种版面设计方法。

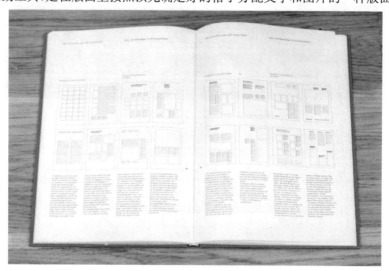

（2）作用。

①使设计布局排版更加快速容易。

网格结构可以帮助我们对版面中的构成元素，如文字、图片等，进行正确且快速有序的编排，加强版面凝聚力，使版面内容更清晰规整，构成元素的编排位置更加精确。可在不同的形状和大小之间建立平衡，使网格在版面中的运用更加灵活，更具结构感和节奏感。

②使页面更加整洁统一。

一般情况下用户都会喜欢简洁明了的设计，不喜欢分散且凌乱的信息碎片。而在网格系统中创建元素可以使整个设计具有秩序和节奏感，做到页面整洁统一，使版面内容具有鲜明的条理性，版面元素呈现出更为完善的整体效果，有效保证内容之间的关联性，便于用户阅读，提升用户体验，即使是元素之间的间距统一这样的小细节也可以使设计具有更强的凝聚力，提升美感。

③可应用于响应式设计。

响应式设计意味着数字创作（产品）可以跨越多个终端设备，如智能手机、电脑、大屏幕电视。无论是哪种设备，设计都应该完美、紧凑、优雅且易于理解。网格系统可以帮助我们重新安排所有元素在所需的屏幕尺寸上的位置，并同时保持差不多的布局结构。

④让设计师与开发人员的合作更轻松。

当设计师将设计稿交接给开发人员时，网格系统能帮助开发人员高度还原设计方案，让开发人员明确知晓如何调整元素之间的间距及每个部分之间的连接，使设计师和开发人员之间能更好地沟通，提高工作效率、减少出错率。

6.2.2　网络系统的要素

（1）网格单元。

也称为模块，是由列和行的交点创建的单个空间单位。

（2）网格线。

将整个版面划分为一个一个模块的线就是网格线。

（3）网格列。

简称列，列是网格的组成部分，列宽可以帮助我们定义内容宽度和布局的垂直部分。在网格系统中，列宽通常以百分比或像素为单位进行定义。设计师可以根据需要调整每个列的宽度，以便更好地适应不同的屏幕尺寸和设备类型。

（4）网格间隔。

即列之间的内边距，也称为间距、水槽或排水沟。列和水槽一起占据了屏幕的水平宽度。水槽可以帮助控制页面布局和间距，使得页面更加整齐、清晰、易读。同时，水槽还可以用来设置内容的对齐方式和填充方式。在某些布局中，设计师可以使用水槽来控制列之间的间距和平衡布局。在网格系统中，水槽的宽度通常与列宽相关。有些系统会随着设备宽度的增加而增加水槽的宽度，但也可以保持固定。水槽可以用来容纳内容的装饰元素，如边框、背景、图片等，也可以用来分隔内容区域和页面的其他区域。

（5）格式。

对于纸质书，格式是指页面；对于网络，格式是指浏览器窗口。

（6）边距。

即外边距或外部水槽，是格式边缘与内容外部边缘之间的留白部分。通过调整边距，可以更好地控制页面内容与浏览器窗口之间的距离，从而更好地适应不同的屏幕尺寸和设备类型。在网格系统中，边距通常以像素、百分比或自动等方式进行设置。设计师可以根据需要调整边距大小，以便更好地适应不同的屏幕尺寸和设备类型。同样，边距也可以用来设置内容的对齐方式和填充方式，或控制内容区域和页面的其他区域之间的间距。

6.2.3　网格系统的运用技巧

（1）正确地选择列数。

"网格系统采用多少列？"这是设计师在最开始就要考虑的问题。目前采用 12 个等宽列的网格系统是最受欢迎的选择，因为在相当小的数字中，数字 12 最容易被整除，可以有 12、6、4、3、2 或 1 个均匀间隔的列。具备 12 个等宽列的网格稳定且灵活，适用于不同的组织结构，为设计师提供了极大的布局灵活性。

但这不是强制性的，其也不是万能的。应根据实际需求来确定列数，如果一个页面布局仅需要 8 列网格，那么使用 12 列网格是没有意义的。设计师可以根据界面主要尺寸来定义列数，常见的为按 4 的倍数或者 8 的倍数来设置列数。

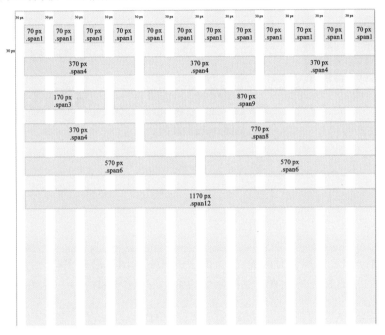

提前勾勒出大致粗糙的布局可以帮助我们确定需要的网格列数，即内容决定网格系统。

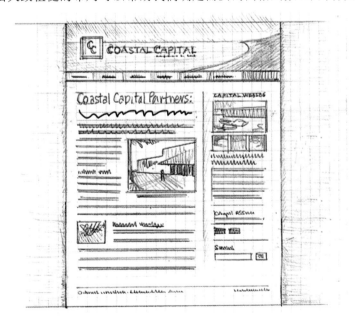

（2）规划好网格与页面的关系。

网格在页面中的位置及边距的设置对网格的功能和美感有很大影响。合适的边距和留白会让页面看起来更舒服。

（3）保持设计元素在网格内。

网格中每一列之间都会有间隔，当页面中的文本和图形跨越多列时，需要保持内容在网格每一列的边缘，避免将元素放到间隔的边缘，不然元素和内容一多就会显得凌乱。

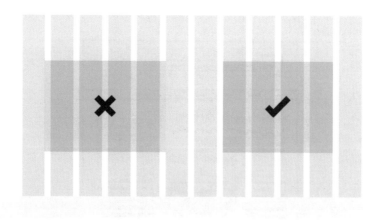

（4）保持间距一致。

统一垂直间距和水平间距，使得布局更具有一致性和吸引力，提升美感。如下图所示，变化的垂直间距会产生视觉噪声，当垂直间距和水平间距保持一致时，整个结构显得更整洁。

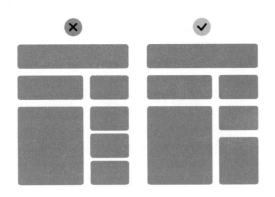

（5）做好基线对齐。

使用基线网格来排列内容,需要保持文字底部对齐网格,使布局元素带来视觉一致性,提升页面的和谐感和组织感。特别要注意的是,行高要匹配基线网格,如:选择 4 px 作为基线网格单位,需要将字体的行高设置为该单位的倍数,即行高应该是 4 px、12 px、32 px、64 px 等,但字体大小不必受此限制。

（6）利用好框架和颜色。

我们可以利用好框架和颜色,把用户的注意力集中在某个布局部分上,在需要的地方添加额外的视觉重量,比如为突显某个数据而更改卡片颜色。

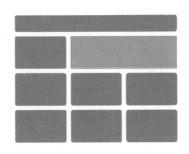

（7）打破网格。

在设计中可故意打破网格列，用出界的设计或不同大小的网格单元增加视觉趣味或强调某些元素，突显信息，吸引用户的注意力。

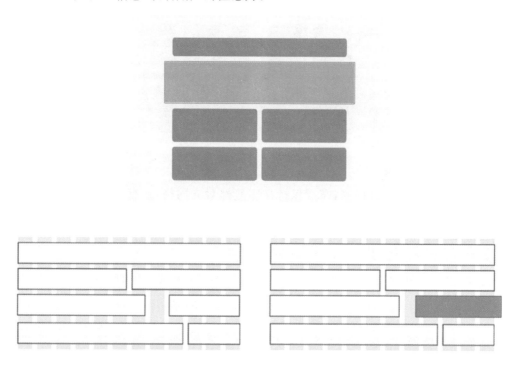

（8）灵活运用各种网格系统。

一些小型项目可以不需要网格，但对于较大的项目，使用网格非常有必要，甚至是强制的。而运用网格进行设计并非生搬硬套，需要结合需求观察布局，灵活运用各种网格系统，做出有创意和趣味的设计方案。

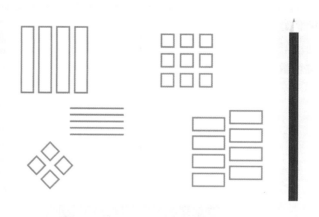

（9）了解限制条件，使用 8 pt 网格进行设计。

了解设备屏幕尺寸和目标用户的使用习惯等限制条件，在此基础上再进行设计才会更加适应各种情况。

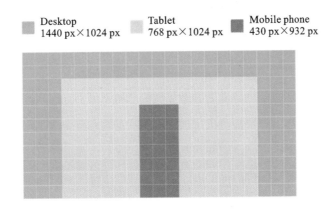

为了确保设计成果能在各种设备和屏幕分辨率下工作并且看起来清晰美观，适配多终端，保持体验一致，需要使用基线网格单位的倍数的尺寸和间距，使设计过渡清晰和系统化。通常使用 8 pt 网格进行设计，实现动态网格和响应式布局，这样无论是矢量设计还是基于像素的设计，都可以在屏幕上实现完美缩放。

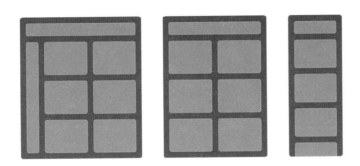

那么什么是 8 pt 网格呢？"pt"的意思是"点"，就是建立 8 点为一个单位的网格，所有的元素尺寸都是 8 的倍数。

8 pt 网格的基本规则是，在设计的界面元素中，使用 8 的倍数（8，16，24，32，40，48，…）来作为外边距等尺寸的数值。

为什么是基于 8 点去定义网格，而不是 6 点或者 10 点？这是因为如果用 8 作为设计的最小单位，可以方便地缩小设计尺寸，8/2＝4，4/2＝2，2/2＝1。而如果是从 10 开始，网格单位可能是 2.5 px，再往下是 1.25 px，而非整数。

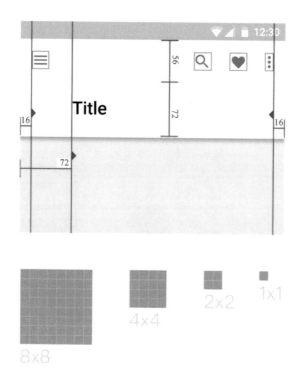

　　此外,部分特殊场景下,如给可显示范围有限的屏幕做设计,也可用 4 pt 网格。

　　8 pt 网格系统能够让我们在设计时使所有的元素尺寸都符合同样的规则,获得一套更加统一的 UI,节省开发人员和设计师沟通的时间,提高设计统一性,节约更多的时间。并且当前主流屏幕尺寸都应至少能在横竖一个轴的维度上被 8 整除,甚至有些平台的设计规范(比如 Material Design)会特别要求建立以 4 pt 或 8 pt 为基准的网格,以实现多平台的响应式设计。

　　而对于一些很难调整适应系统的屏幕,解决方法也很简单,保持填充和空隙的尺寸统一遵循规则,剩余的空间可以用块状的元素来填充。有一些元素的尺寸是奇数也没关系,只要能让整体遵循这套规则即可,用户是看不到实际使用的尺寸的。

6.2.4　网格系统的常见应用类型

列、模块、水槽等可以以不同的方式组合，形成各种各样不同类型的网格。

（1）基线网格。

基线网格是由等距水平线组成的密集网格，用于确定文本的位置。基线网格通常与分栏网格结合使用，以确保每列中的文本在界面上均匀对齐。

基线网格最简单的示例是一张划线纸，其可准确清晰地展示设计元素的位置。基线网格不仅仅是一种出色的印刷工具，其还有助于布置页面上的元素，快速检查页面上的某些内容或元素是否缺失。

（2）单列网格。

又称单栏网格、原稿网格，其是最基础、最简单的网格结构，实际上是一个大的矩形区域，占据了格式内的大部分空间，用来确定文本在页面中的位置，多用于书籍、杂志等以文字为主的版面设计中。适用于连续的文本块、文本/图像填充块。

（3）多列网格。

也称分栏网格，其由多个列组成，是日常设计中最常使用的网格类型。将一个页面拆分成多个垂直区域，然后将对象与之对齐。创建的列越多，网格就越灵活。在报纸和杂志的排版设计、网页和 APP 的设计中都会广泛使用该类型网格。多列网格有利于对包含不连续信息的页面进行布局，可以为不同类型的内容创建区域。

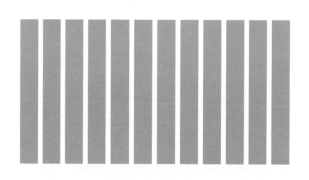

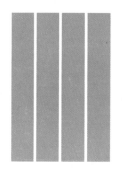 

（4）模块化网格。

模块化网格是多列网格的扩展，采用垂直方向的列并添加水平的行，相交的行和列创建"模块"的单元矩阵。将内容分成单独的模块，每个模块的大小和形状都是相同的，从而可以创建一个完美的网格。这种布局通常被称为完美的网格设计。通常当垂直和水平空间受到同等关注度时采用模块化网格。

模块化网格还为页面提供了更灵活的格式，可用于管理内容较为复杂的界面或者海报设计。网格中的每个模块可以包含一小部分信息，或者可以将相邻模块组合在一起以形成块。

　　与传统的网格布局不同的是，在模块化网格布局中，每个模块将整齐地堆叠在另一个模块的顶部，并平行于旁边的另一个模块，创建出一致的设计模式。这种布局可以带来许多优点，如响应迅速、易于使用等。

　　注意：使用模块化网格布局应该注意网格的大小、每个模块的大小，以及负空间的使用，以确保设计的一致性和美观性。设计师还可以利用创造性的技巧来增加模块化网格的视觉趣味性，以吸引用户的注意力。如下图所示，许多以视频和图片为主的平台都在运用这样的网格布局。

简笔画教程合集

小黑饼干 ♡ 7822

真的被拿捏了，好米！

芝士孝子 ♡ 2250

大一禁止摆烂!!这些证书拿到
手底薪 ➕1k ⚡

白考仙 ♡ 3.6w

想躲进柔软的云里

Y ohh Y ♡ 0

佳能 相机用户给我学!!15种
人像参数设置

摄影钟钟 ♡ 1w

是谁才30个粉就接到广了嘿
嘿！！

张张很爱笑 ♡ 1733

练字/白纸怎么把字写平直！

双氧酚酸奶 ♡ 4864

啊啊啊微胖戈浅期待一下秋冬

拜托了学圈 ♡ 1978

戴发夹冷知识！！5种发夹
氛围感宝藏戴法

一只钟意蒂 ♡ 9w

浪漫的夕阳不能只有我一个人
看

小谢 ♡ 3

口碑炸裂 治愈你的10部动
画片，也太上瘾了

水仙在努力 ♡ 2.3w

广西桂林七星区航天路22号

泓泓爸爸 ♡ 1

(5)像素网格。

在用 Photoshop 作图时,不断放大画布,会看到画布上有密集的像素网格出现。而数字屏幕是由数百万像素的微观网格组成的,为了设计的准确性,设计师需要逐个像素地编辑图像和元素,乃至整个网页,这些都可以借助像素网格来完成。

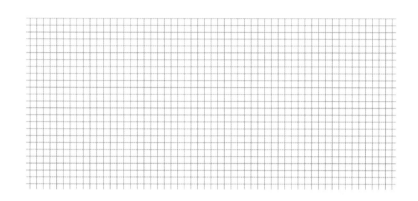

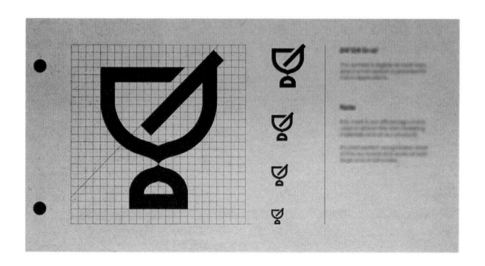

(6)层级网格。

层级网格,也称为分层网格,主要用在网页设计中,形式比较自由,通常由多个不同的网格组成,每个网格都有不同的列数和列宽,大多结合网页的内容来确定,可以水平排列或垂直排列,按照内容的重要性进行优先级排序,按照层级结构清晰展示内容的优先级,以便更好地组织页面内容,从而创建更加有序和易于使用的界面,让用户能够按照主次的层级顺序浏览界面,提升产品需要达到的效果。其最明显的特征就是整体简洁有序,用不同的间距起到板块划分和主次区分的作用。这样的网格在一些社交平台界面或后台数据分析界面中比较常见。

（7）移动界面 4 列栅格。

常见于各种移动端的界面及个人主页，在 4 列网格的基础上结合卡片布局、选项卡式布局等进行设计。

网格系统不是一成不变的，我们应该运用好它的多种功能，结合需求和个人风格寻找到合适的设计方案。

6.3　响应式布局

响应式布局是一种设计方法，它能够根据不同设备的屏幕尺寸和分辨率，自动调整页面元素的布局和样式，以适应不同的显示环境。响应式布局可以让页面在不同设备上都能保持良好的用户体验和视觉效果，也可以减少开发成本和维护成本。本节将介绍响应式布局的基本概念，包括媒体查询、断点、布局等的概念，以及响应式布局的实现方法，包括 CSS3、Bootstrap、Flexbox 等。

6.3.1　基本概念

响应式布局是 Ethan Marcotte 在 2010 年提出的概念。他认为，一个网站能够兼容多个终端（指具有不同分辨率、不同 DPI 的显示设备），而不是为每一个终端做一个特定的版本，这样的网站布局方式即称为响应式布局。简单来说就是同一页面能够适应不同设备的屏幕尺寸和窗口大小变换不同的布局，使界面元素能够灵活适配任何屏幕尺寸，保证功能布局和体验的一致性。

其原理是使用 CSS3 中的 Media Query（媒体查询）针对不同宽度的设备设置不同的布局和样式，从而适配不同的设备。即只编写一套界面，通过检测视口分辨率，来判断当前访问的设备是 PC 端、平板、还是手机，针对不同客户端做代码处理，来展现不同的布局和内容。

响应式布局的优点为：综合了多种动态布局，使得页面在不同的分辨率视口可以呈现不同的布局；面对不同分辨率的设备灵活性强；能够快捷解决多设备显示适应问题。但这也是一种折中性质的设计解决方案，会受多方面因素影响而达不到最佳效果，其存在以下缺点：仅适用于布局、信息、框架并不复杂的网站；兼容各种设备，工作量大，效率低；代码烦琐，会出现隐藏无用的元素，加载时间长；一定程度上改变了网站原有的布局结构，会出现用户混淆的情况。

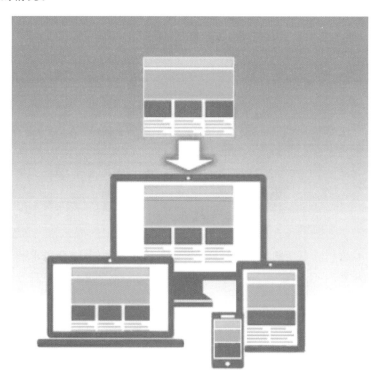

响应式设计的基础是 HTML 和 CSS 的组合，HTML 和 CSS 是在任何给定的 Web 浏览器中控制页面内容和布局的两种语言。HTML 主要控制网页的结构、元素和内容，而 CSS 控制网页的样式和布局。CSS 代码可以包含在〈style〉HTML 文档的一部分中，也可以包含在单独的样式表文件中。可以控制设计，且不限高度、宽度和颜色。使用 CSS 可以将设计与称为媒体查询的技术结合起来，从而使设计具有响应性。

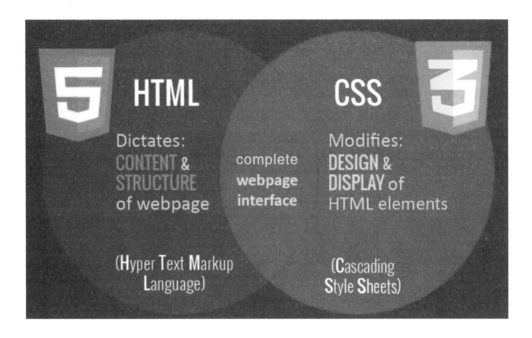

（1）媒体查询。

媒体查询是 CSS3 新增的特性。媒体查询使得样式表可以根据不同的媒体、不同的视口尺寸定义不同的样式。即针对不同屏幕的大小，编写多套样式的代码，从而达到自适应的效果。比如我们为不同分辨率的屏幕，设置不同的背景图片，当你重置浏览器大小时，页面也会根据浏览器的宽度和高度重新渲染页面。但是媒体查询的缺点也很明显：媒体查询是有限的，即其是可以枚举出来的，只能适应主流的宽高；要匹配足够多的屏幕尺寸，工作量不小，同时需要设计多个版本；浏览器大小改变时，需要改变的样式太多。

电脑

@media screen and
(min-width: 1024px)
{...}

平板

@media screen and
(min-width: 768px) and
(max-width: 1023px)
{...}

手机

@media screen and
(max-width: 767px)
{...}

（2）断点。

响应式布局的设计要点之一就是断点。在以往的开发合作中，设计师提供切图和尺寸标注给开发人员就行了，但响应式页面中的容器大小是动态的，设计师可以提供一个表格，告诉开发人员在不同的页面宽度区间，对应的布局应该是怎么样的，这些区间的临界点，就是断点。断点其实就是媒体查询值。

断点可反映页面发生突变的情况，如边距开始发生变化、容器数量开始发生变化等。如下图所示，固定侧边栏宽 a、边距 b、间距 d，据图中公式，容易得知容器数量（n）和容器宽度有着明确的数量关系，寻找断点，需要先确定容器宽度 c。

容器宽度和容器数量有对应关系

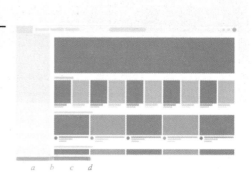

页面宽度$(W)=a+2\times b+n\times c+(n-1)\times d$
本例中，W、a、b、d是固定的

■ 侧边栏宽 a
■ 边距 b
■ 容器宽度 c
■ 间距 d

需要特别注意的是，横向分辨率达到 3840 px 的 PC 高分辨率屏幕中，主流浏览器会按照 2 倍尺寸展示内容。此外，Windows 系统中有系统缩放功能，导致浏览器认为 3840 px 的屏幕宽度只有 1536 px（3840 px÷2÷1.25）。所以有时候会出现在分辨率很高的屏幕下，响应式页面展示的内容反而更少了的情况。

（3）布局。

如图所示，布局容器可以理解为主视图区域。

传统的静态布局页面一般会采用 1000 px、1100 px 或 1200 px 等宽度作为容器宽度进行设计。而响应式布局中一般有两种容器类型：响应式固定宽度容器和全屏宽度容器。

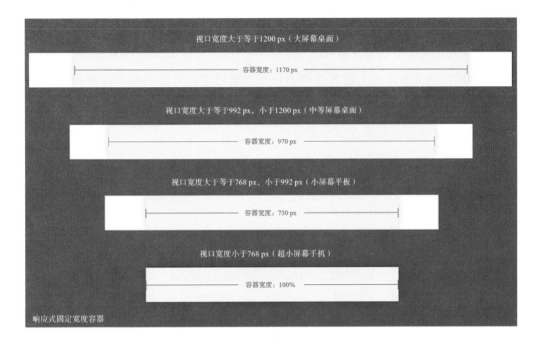

①静态布局。

也称固定布局，是一种传统网页设计布局方式。网页中的所有元素都以 px 为单位，不管浏览器的尺寸是多少，始终按照最初写代码时的布局来显示。常规的 PC 网站都采用静态布局（定宽度），也就是设置了 min-width，这样的话，如果小于这个宽度，就会出现滚动条，如果大于这个宽度，则内容居中（外加背景），这种设计常见于 PC 端。

优点：对设计师和 CSS 编写者来说都是最简单的，不涉及兼容性问题。

缺点：缺少变化，不能根据屏幕尺寸自适应，对于移动设备需要另外建立移动网站，单独设计一个布局，使用不同的域名（如 wap. 或 m.）。

适用场景：针对固定分辨率开发特定网页。

②流式布局。

页面中元素的宽度按照屏幕分辨率自动进行适配调整，也就是我们常说的适配，当屏幕分辨率变化时,页面里元素的大小会变化但布局不变。流式布局是移动端开发常用的一种布局方式,其代表之一是网格系统。

优点:页面中的元素会按照屏幕分辨率、尺寸自动进行适配调整,但整体布局不变。

缺点:相对于原始设计而言,在过大或过小的屏幕上均不能正常显示元素。宽度使用百分比定义,高度和文字大小等大都是用 px 来固定,所以在大屏幕的手机下,显示效果会变成有些页面元素宽度被拉得很长,但是高度、文字大小还是和原来一样,无法自适应不同分辨率,导致显示非常不协调。但可以通过响应式布局和弹性布局来解决这类问题。

适用场景:针对类似设备不同分辨率之间的兼容,且分辨率差异较小。

③弹性布局。

弹性布局(Flexible Box,可简写为 Flexbox 或 Flex),用来为盒状模型提供最大的灵活性,是 CSS3 引入的新的布局模式。它决定了元素如何在页面上排列,使它们能在不同的屏幕尺寸和设备下可预测地展现出来。

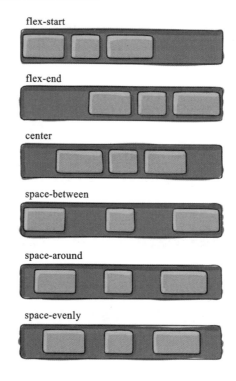

弹性布局能够扩展和收缩容器内的元素,以最大限度地填充可用空间,与其他布局方式相比,其优点在于:能在不同方向排列元素;能重新排列元素的显示顺序;能更改元素的对齐方式;能动态地将元素装入容器。

优点:十分方便,非常适合缩放、对齐和重新排序元素。

适用场景:购物平台、电商网站、手机 APP 页面。

不适用的场景:采用整体页面布局的场景,完全支持旧浏览器的网站。

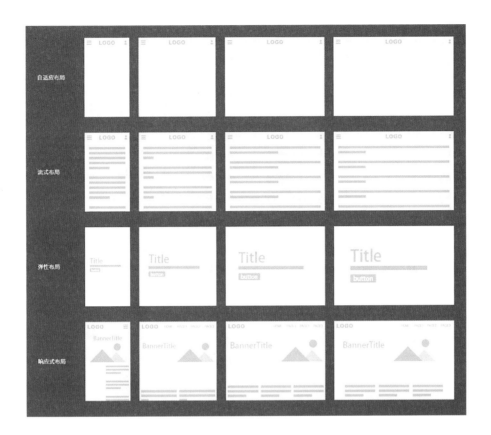

6.3.2　实现方法

（1）CSS3。

CSS3 是 CSS 技术的升级版本，于 1999 年开始制订，2001 年 5 月 23 日 W3C 完成了 CSS3 的工作草案，主要包括盒子模型、列表模块、超链接方式、语言模块、背景和边框、文字特效、多栏布局等模块。CSS3 的优势在于：其提供的特性和效果能够减少开发成本与维护成本，提升页面性能。

（2）Bootstrap。

Bootstrap 是一个免费的用于快速开发 Web、应用程序和网站的前端框架，是基于 HTML、JavaScript、CSS 三者开发的框架，非常适用于响应式网站和移动设备的开发。其主要用于响应式网站上的结构和布局，Bootstrap 的出现简化了 Web 工作者的工作，实现了对 JavaScript 的动态调整。

Bootstrap 的优势为：提供了一套完整的流式栅格系统，可以自动适应设备屏幕的大小，不需要因设备不同而担心显示效果；能快速完成网站搭建，包含功能强大的内置组件，易于定制；容易上手，只要具备 HTML 和 CSS 的基础知识就可以开始学习 Bootstrap。Bootstrap 的响应式 CSS 能够自适应台式机、平板电脑和手机，为开发人员创建接口提供了一个简洁统一的解决方案。

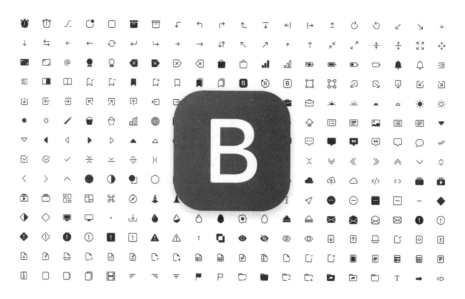

（3）Flexbox。

Flexbox 在前文已经提到，也译为"弹性盒子"，是 CSS3 新引入的布局模式，可灵活伸缩，最大限度地填充空间。

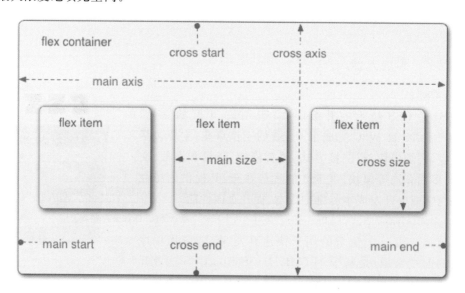

在 Flexbox 模型中，有三个核心概念：flex 项，也称 flex 子元素，需要布局的元素；弹性容器（flex container），其包含 flex 项；排列方向（direction），决定了 flex 项的布局方向。

Flexbox 的特点在于，弹性盒子由弹性容器和弹性子元素（flex item）组成；通过设置display 属性的值为 flex 或 inline-flex 将其定义为弹性容器；弹性容器包含一个或多个弹性子元素。

其容器属性和项目属性如下图所示。

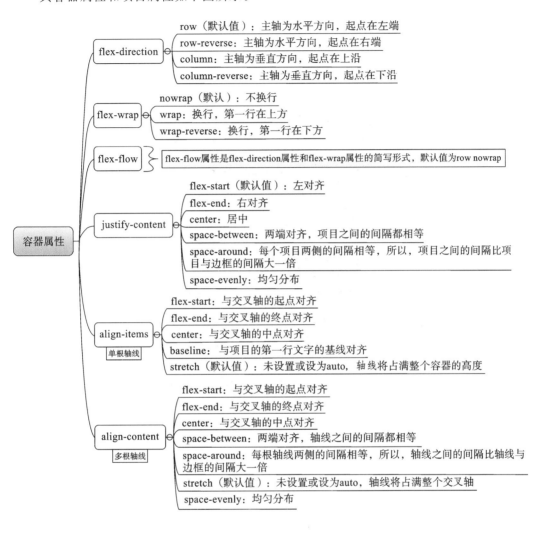

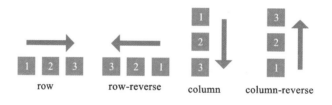

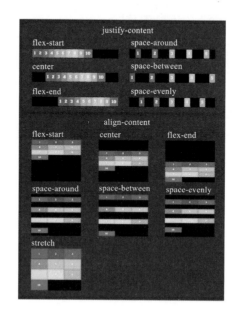

一般如果只做 PC 端,那么静态布局是最好的选择;如果做移动端,且设计对高度和元素间距要求不高,那么弹性布局是最好的选择;如果 PC 端和移动端要兼容,而且要求很高,那么响应式布局是最好的选择,前提是要根据不同的高宽做不同的设计,根据媒体查询做不同的布局。

6.4 练一练:使用 Figma 临摹布局

临摹是学习设计软件和提升设计技能的有效方式之一。通过临摹优秀的网页布局,可以快速掌握 Figma 工具的使用、界面布局原则及色彩与字体搭配技巧。

(1)准备工作。

选择目标布局:挑选一个喜欢的网页设计成果作为临摹对象。可以从各大设计网站寻找灵感。

收集素材:如果原设计成果中有特定的字体、图标或图片,请提前下载或准备好相似的替代资源,Figma 支持导入外部资源。

(2)Figma 操作步骤。

创建新文件:打开 Figma,点击"+ New File"创建一个新的文件,命名项目,如"网页布局临摹"。

设置画板:选择合适的画板尺寸,大多数网页设计的标准宽度为 1920 px,高度可以根据实际内容进行调整，点击画板右上角的加号添加新画板。

导入参考图片：将选定的网页布局图片拖入 Figma 画板作为背景图层，右键点击图片，选择"Lock"锁定，防止误操作。

搭建基础框架：使用矩形工具绘制页面的基本框架，比如头部导航、主体内容区、侧边栏和页脚等。

复刻布局细节：仔细观察原设计成果，逐步复刻各个元素，使用矢量工具（快捷键为 V，如按钮、卡片、图标等工具）绘制形状。

设置网格：设置统一间距的网格，保持视觉平衡。

第7章
色彩和字体

7.1 色彩理论

色彩是 UI 设计中不可或缺的元素,能直观地呈现产品的气质和性格,能有效地帮助用户组织和阅读信息,与界面设计产生联系和记忆。

色彩的三要素是指色相、明度和饱和度,它们决定了颜色的相貌、明暗程度和鲜艳度。不同的颜色组合可以产生不同的效果和感受,而色彩不仅仅是一种视觉感受,更是一种语言,可以传达出品牌或产品的情感、品质和特点。

色彩心理学研究不同颜色所表达的情感和气质,以及不同地区和文化对颜色的理解和喜好。例如,红色在中国表示喜庆,在西方表示危险;蓝色在中国表示忧郁,在西方表示信任。

色轮理论指采用环状图像展示不同颜色之间关系的理论,色轮理论认为颜色可以分为三大类:主色(红、黄、蓝)、二级色(绿、紫、橙)和细节色(棕、灰等),并且主色、二级色相邻的颜色组合会比独立的颜色更融洽。

色彩对比度指不同颜色之间的明亮度、饱和度、深浅度之间的比较。可以通过对比度来增强设计的魅力和吸引力,更好地引导用户。常见的色彩对比度包括互补色对比度、同类色对比度、黑白对比度等。

色彩分割原则将色彩分为主色和辅助色,在设计中合理使用有限种颜色,通常选择1～3种主色和1～2种辅助色,并将其配合使用。

色彩的情感表达指色彩可以传递出不同的情感,如红色代表热情、激情,蓝色代表安静、冷静,绿色代表健康、生命,紫色代表神秘等,通常根据不同的表达需要对颜色进行相应的选择和运用。

7.2 色彩的选择和搭配

可以根据色环或者格式塔原则来选择同类色、邻近色、对比色、互补色等。

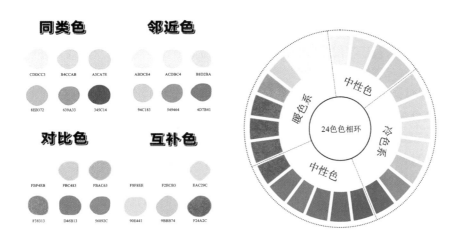

配色禁区是指"右下角"区域的颜色，如下图所示。它们通常又脏又深，不易控制。

　　强调色是指用于突出重要元素或者创造独特效果的颜色，它们通常与主题色形成对比。

　　明度是指色彩的亮度和深度。明度越高，色彩越鲜艳，给人留下的印象越深刻；而明度越低，色彩则越暗淡，这通常被用于柔和和内敛的表达。

　　亮度是指色彩的明亮程度，它决定了色彩的鲜明程度和清晰度。

　　色彩搭配是指将不同颜色组合在一起，以达到一种特定的视觉效果。在色彩搭配中，一些颜色可能会更加突出，而其他颜色则可能会被削弱。在UI设计中，根据60-30-10原则、冷暖对比、品牌识别等因素来选择和搭配界面的主色、辅助色、点缀色等，并保证界面的可读性和一致性。60-30-10原则是指在一个页面中使用60％的主色，30％的辅助色，10％的点缀色。冷暖对比是指使用冷暖两种颜色来平衡界面，增强视觉效果。

　　配色方案应该保持足够的对比度，来确保不同元素之间的区分度。如果配色方案中的颜色过于相似，或者颜色搭配过于花哨，就很容易导致用户难以区分不同元素。因此，需要找到合适的平衡点,确保不同元素之间的对比度足够好。另外一个需要考虑的因素是配色方案的色彩饱和度。饱和度过高的颜色可能会让用户产生不适感,而饱和度过低的颜色则可能会显得过于沉闷乏味。因此在设计时需要根据不同的需求和效果进行调整。配色方案的颜色选择需要遵循色轮理论,以确保色彩相互搭配协调。常用的颜色包括互补色、对比色等,配色师需要具备丰富的色彩知识,才能更好地设计出符合需求的配色方案。

色彩选择搭配是设计过程中至关重要的一个环节。一个好的色彩方案可以让品牌更加引人注目,吸引消费者的眼球,同时也能体现出产品的特点和品质。因此,色彩的选择搭配对于设计的成功至关重要。一个好的色彩方案需要考虑到产品的特点、品牌的形象及目标受众的偏好。只有对色彩的选择和搭配进行合理的考虑,才能达到预期的效果。品牌识别是指使用与品牌或者行业相关的颜色来增强用户的认知和记忆。可读性是指界面中的文字和图标清晰易懂,有足够的对比度和层次感。一致性是指界面中的色彩保持统一的风格和氛围,符合用户的预期和习惯。

对于缺乏色彩知识的人来说,学习色彩理论是发现和改进自己配色问题的关键。可以通过观看各种平面设计、网页设计、APP 设计等作品来了解。还可以阅读色彩方面的书籍,学习基本的色彩搭配规律和配色技巧。在平时的工作和生活中,要多观察、多感知,培养自己的颜色感。可以通过在色彩鲜艳的环境中(如图书馆、画展等)游玩,慢慢感性地掌握不同颜色之间的搭配效果。借鉴和学习优秀的设计作品,在实践中逐步学习颜色的运用、搭配和平衡,从而不断提高自己的配色能力。可以借助色彩模拟工具来对自己的设计方案进行测试,预测实际使用效果。在修改时,需要根据工具的预测结果进行调整,以达到更好的配色效果。最后,不断实践是提高配色能力的关键。可以通过不断地设计尝试,结合色彩理论和自身的实践经验,感受"色"的力量,提高自己的配色能力。

7.3　字体的分类和特点

字体是 UI 设计中不可或缺的元素,能直观地呈现产品的气质和性格(调性),能有效地帮助用户组织和阅读信息,与界面设计产生联系和记忆。字体是指一组有着相同设计风格和排版特点的字符集合,它是印刷、排版和文字设计等领域中的基本概念。字体由字形和字符组成,可以是计算机内置的,也可以是自定义的。字体通常由字形文件组成,包含不同大小和风格的字符集。

字体的分类有多种方式,常见的有按照语言(如中文、英文等)、按照结构(如黑体(无衬线字体)、宋体(衬线字体)、圆体(黑体的变种)等)、按照风格(如手写风格、卡通风格等)等。

字体的属性是指字形的各种特性和特点,字体的属性有多种,常见的有字号、字重、行距、字距、颜色等。属性会影响字体的视觉效果和感受。

字体的格式是指字形文件的存储方式和编码方式,主要包括 TrueType、OpenType、PostScript Type1 等常见格式,这些格式有着不同的特点和兼容性,可以在不同的设备和平台上使用。

字体的心理学是指不同字体所表达的情感和气质,不同的字体因为其设计风格和特点的不同，会向人们传达出不同的情感、气质和社会文化背景，从而影响人们的选择。例如，衬线字体给人一种正式、传统、权威的感觉，适用于正文、报纸、书籍等；无衬线字体给人一种简洁、现代、友好的感觉，适合用于标题、网站、应用等。

此外，使用场景和目标受众也会影响字体的选择。例如：商业场景中，品牌字体需要与公司形象、产品特点相符合；学术文献中，正式严肃的衬线字体更受欢迎；广告宣传等创意设计中，手写字体、艺术字体等多用于传递个性和活泼感。

设计时还应遵循字体的设计原则，例如，对比原则是指在一个界面中使用不同类型或属性的字体来增加视觉效果和区分信息；亲和原则是指在一个界面中使用相似类型或属性的字体来增强视觉统一；节奏原则是指在一个界面中使用合理的行距和字距来使视觉流畅；层次原则是指在一个界面中使用不同大小、颜色的字体来增强视觉层次和突出重要信息。

常见的字体设计错误和问题如下。

（1）采用了不一致的字体和排版风格：使用不同的字体和排版风格可能会使设计看起来杂乱无章，难以阅读和理解。

（2）字体选择不当：选择了不合适的字体或字体的排版方式使设计看起来不专业、不一致，或无法有效地传达信息。

（3）字体色彩搭配不当：使用不当的字体色彩可能会使设计看起来不适合内容的主题或目标受众。

（4）字体过小或过大：字体过小可能会使设计难以阅读和理解，而字体过大可能会使设计看起来不专业或使文字难以放置在合适的位置。

字体在UI设计中的应用是指如何根据界面的风格、功能、内容等因素来选择和搭配合适的字体，以及如何保证界面的可读性和一致性。例如，根据界面的风格，可以选择符合主题的字体，如现代风格可以选择无衬线字体，古典风格可以选择衬线字体，卡通风格可以选择手写字体等；根据界面的功能，可以选择符合目的的字体，如导航栏可以选择简洁明了的字体，正文可以选择易读舒适的字体，标题可以选择引人注目的字体等；根据界面的内容，可以选择符合语言和文化的字体，不同地区和国家也有不同的字体习惯和喜好等（如果UI工作内容面向海外，这些是需要详细了解的）。保证界面的可读性和一致性，可以通过控制字号、字重、行距、字距、颜色等属性，以及遵循设计规范和标准等方式来实现。

宋体　自强进取 树己树人
黑体　**自强进取 树己树人**

7.4　练一练：使用 Figma 进行文字阅读 APP 界面排版

利用 Figma 布局和文本编辑功能，设计一个精美的文字阅读 APP 界面。

第8章
UI 中的图形

8.1　图形的作用

图形是指由点、线、面等基本元素构成的具有一定意义或功能的视觉符号。UI 设计中，图形主要具有抽象、规范、动态的特点，并可以根据不同的维度进行分类。在功能上，图形可以通过视觉符号来传达信息，通过色彩纹理等来增强美感，通过风格元素提升品牌质感，还可以通过动画反馈来增强交互性。

图形是一种普遍的视觉元素，相比文字更加通俗易懂，不影响大多数受众的阅读。

图形具有高度的概括性，形象直观，同时更能激发受众的想象力。比如禁烟标志、洗手间标志等这些全球通用标识，不存在文字和文化之间的差异，其概括性很强，可以承载的信息量很大。

UI 设计中,图形有以下几个特点。

(1) 抽象:UI 设计中图形往往是对现实事物或概念的抽象化表达,去除多余的细节,突出主要特征。

(2) 规范:UI 设计中图形需要符合一定的规范和标准,如尺寸、色彩、格式等要合规,以保证图形的质量和呈现效果。

(3) 动态:UI 设计中图形可以根据不同的场景和需求,进行动态的变化和交互,以增强图形的表现力和趣味性。

另外,在 UI 设计中,我们可任意通过以下五个图形元素改善设计。

(1) 线条。

线条通常被视为是最简单的图形元素之一,其也是设计中最重要的元素之一。线条可以通过文字、图像或者其他方式传递信息,并在整个网页中起着至关重要的作用。它们可以帮助用户更好地理解整个界面,使用线条可为网页设计增加一个复杂的层次结构。

(2) 倾斜度。

倾斜度使信息更加容易阅读,是提高图形吸引力和可读性的重要因素。如果需要使图像或者主题文本等内容更加突出,选择有倾斜度的设计能增强信息并使文字或图片更加吸引人。

(3) 间距。

间距展示了图形之间的远近关系,从而使用户可以更容易地识别和理解图形。可以在文本和图像之间创建微小距离,并将图标以可读文本的形式放置在合适位置。

(4) 密度。

可以通过移动图形控制图形的大小或厚度,增强用户体验,使用户更容易阅读和了解内容,而密度这一要素在设计中起着重要作用,密度越大,信息越明显。

(5) 对比度。

调整对比度可以将信息转化为清晰准确、醒目、不易混淆的文字或图片。

从 2021 年开始,UI 设计主要向着以下方向发展。

(1) 无意识设计。

无意识这个词其实借用了深泽直人提出的"无意识设计",指设计师可在无意识间创作出来作品。相关设计一般在展览作品、海报和装置艺术中出现得多一些。无意识图形设计师可自由发挥,无意识最大的特征点是抽象、重复构造、超越想象的思考,尤其是将字体图形转化为信息的表达方式运用得比较多,特别是在设计展或者毕业展等中的运用较为广泛,突破了运用图形作为主视觉的思路,如下图所示的作品——汉字密码(设计师为乔颖波)。

（2）图形动态化与三维设计。

图形动态化在 Web 端运营首页比较常见，其最明显的特点是静态中有动态，动态中有延伸，吸引观众注意力。另外，很多场景案例都在运用三维设计去表达产品功能点，使作品更接近现实。打破传统单一的二维设计，将二维画面三维化，也是未来的一大趋势。

UI 设计中，图形主要体现在 ICON 上，ICON 是一种图标格式，用于系统图标、软件图标等。ICON 图标就是人们生活中随处可见的一种"符号"，比如说各种紧急出口图标、卫生间图标，还有日常手机里使用的 APP 图标，如微信的绿色对话框气泡图标等。

图标的形式有很多种,而且表现方式也非常丰富,从拟物到扁平化图片到线图标,各种风格和形式层出不穷。如果从 UI 设计这个专业角度粗略划分的话,常见的图标大致分为两大类,第一类称为标志性图标,比如手机中的应用启动图标;第二类称为功能性图标,这类图标经常出现于 APP 或网站中,用于功能性指示引导或操作。

　　图标是整个 UI 设计中极其重要的一环,设计师在做每个界面的设计时几乎都会涉及图标的表达,出色的图标设计可以让界面表达更加精致,同样也会提升作品可读性。所以,UI 设计师在日常的练习中除了需要提升对图标造型的把控以外,也需要不断地紧跟设计趋势,学习更多类型的设计。

8.2　ICON 的功能与分类

　　ICON 是具有明确含义的图形视觉语言,它可以代替文字,用图形化的语言来传达信息。ICON 在 UI 中有着重要的作用,它可以提高设计识别性、规范性。ICON 设计需要考虑功能、形式、色彩、大小和位置等因素,以及与产品定位和用户需求的契合度。

　　ICON 可分为功能性 ICON 和产品 ICON 两类。

　　功能性 ICON 是指向用户传达一定含义的图标,例如标签栏、导航栏和金刚区的图标。

　　产品 ICON 是指可体现整个产品的特性和风格的图标,例如桌面图标、手机应用图标等。

　　此外，ICON 还可分为线性 ICON 和面性 ICON 两类。

　　线性 ICON 是通过线来塑造轮廓的图标，例如双色线性 ICON、线性填充 ICON 和线性渐变 ICON 等。面性 ICON 是通过面来塑造形体的图标，例如单色饱和度填充 ICON、纯色渐变 ICON 和多色渐变 ICON 等。ICON 的风格从拟物化到扁平化再到微扁平化和轻拟物化的过程，反映了用户对信息本身的关注度和对情感内容的需求度。

1. 拟物图标

　　拟物图标也称为写实图标，即据实直出，真实地描绘事物，通过将高光、纹理、材料、阴影等各种效果叠加在物体上，形成 UI 图标设计方案。拟物图标大部分应用在营销类型的界面及游戏类应用中。

2. 扁平图标

　　扁平图标设计是"零 3D 属性的设计"，其在拟物图标设计的基础上进行简化，摒弃那些已经流行多年的高光、阴影、渐变、浮雕等视觉效果，通过抽象、简化、符号化的设计来表现一种干净整洁、扁平的 UI 图标设计。

Interpretation

Transportation

Food

Entertainment

3. 线性图标

线性图标是以线为设计主体形式绘制而成的图标，它可以通过同色的、渐变的、叠加的、断线的风格等去表达设计思想。同时，线性图标设计给用户一种轻薄的感觉。

4. 面性图标

相比线性图标而言，面性图标有着更大的视觉面积，在一定程度上可以更好地吸引用户的注意力。同时，面性图标设计通过色彩填充、多种形状组合、图标质感刻画等来增强图标的视觉表现，视觉表现形式丰富多样。

5. 线面结合图标

线面结合图标样式丰富、富有趣味性，常见样式及类型总结如下。

（1）黑色线性边框＋渐变色内部填充。

（2）黑色线性边框＋彩色错层填充。

（3）黑色线性边框＋彩色内部线条＋圆形点缀。

（4）黑色线性边框＋彩色内部线条＋错层投影点缀。

（5）黑色线性边框＋彩色面性局部替代。

（6）彩色线性边框＋纯色错层内部填充。

（7）彩色线性边框＋同色系错层投影点缀。

（8）渐变色线性边框＋渐变圆形点缀。

我的保单　　自主保全　　续期交费　　自主理赔　　自助回访

（9）渐变色线性边框＋彩色面性局部替代。

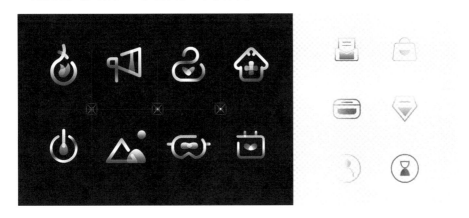

（10）渐变色底板＋白色线条图标。

理财牛人　　创作者中心　　圈子广场　　福利专区　　理财百科

ICON 在 UI 中常见的应用场景有标签栏、导航栏和金刚区等。

标签栏是移动应用中最常用的导航模式，一般有 3～5 个图标，提供页面切换、界面导航功能，以及功能入口。标签栏的图标需要简洁明了，易于识别，与文字说明相配合。

导航栏是页面顶部采用的导航模式,其比标签栏更灵活,可以包含更多的图标。导航栏的图标需要与页面内容相关,符合用户操作习惯,与标题文字相呼应。

金刚区是首图 Banner 之下的核心功能区域,多以宫格形式排列展现的图标。金刚区的图标需要突出重点,吸引用户注意力,与产品定位一致。

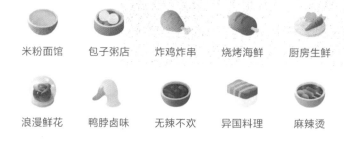

需要注意的是,ICON 设计需要考虑识别性、规范性、整体风格和品牌感四个方面。

1. 识别性

具备识别性是指 ICON 能被用户快速理解和记住,识别性包括含义识别和视觉识别两个层面。含义识别是指 ICON 能准确传达其功能和信息,视觉识别是指 ICON 能在视觉上与其他图标区分开来。

2. 规范性

具备规范性是指 ICON 能遵循一定的设计规范和标准(涉及形式、色彩、大小和位置等)。规范性可以保证 ICON 的一致性和可用性,提升用户的操作效率和体验感。

3. 整体风格

具备整体风格是指 ICON 能与 UI 中的其他元素协调一致,形成一个统一的视觉系统。整体风格可以增强 ICON 的美感和表现力,营造一个和谐的界面氛围。

4. 品牌感

具备品牌感是指 ICON 能体现出产品的特色和风格,传达出产品的理念和价值。品牌感可以增强 ICON 的个性和辨识度,建立用户对产品的信任和喜爱。

通常一个 UI 设计师先从模仿开始训练,然后逐渐形成自己独有的风格和设计理念。我们在进行 UI 图标设计的时候,基本上是在已有参照物的基础上去进行设计,可以根据自己喜欢的参照物去进行分析,先抓取参照物的关键节点,几何绘制出一个相似的基本图形,这样就形成了一个骨架,然后再丰富内容,最终通过不停地修改,打造完善的图标造型。

8.3　ICON 的设计

8.3.1　ICON 设计原则

ICON 设计原则是指在设计 ICON 时需要遵循的一些基本规则和标准,以保证 ICON 的识别性、规范性、整体风格和品牌感。

设计 ICON 时需要遵循以下几个原则。

（1）简洁明了。

ICON 应该尽量简化图形元素,去除多余的细节,突出主要特征,使 ICON 易于识别和理解。

（2）统一协调。

ICON 应该与 UI 中的其他元素保持一致的风格、色彩、大小和位置,形成一个统一的视觉系统。

（3）适当变形。

ICON 可以根据不同的场景和需求,适当地对图形进行变形和夸张,以增加表现力和趣味性。

（4）考虑文化差异。

ICON 应该考虑不同地区和国家的文化习惯和符号含义,避免使用可能引起误解或冒犯他人的图形。

8.3.2　ICON 设计工具

ICON 设计工具是指用于创建和编辑 ICON 图形的软件或平台,包括专业的矢量绘图软件、在线的图标库或生成器。

常用的 ICON 设计工具与资源站如下。

（1）Adobe Illustrator。

Adobe Illustrator 是一款专业的矢量绘图软件,可以用于创建高质量的 ICON 图形,支持多种格式和尺寸的输出。其优点是功能强大,操作灵活,缺点是学习成本高,价格昂贵。

（2）Sketch。

Sketch 是一款轻量级的矢量绘图软件,专为 UI 设计而生,可以快速地创建和修改 ICON 图形,支持多种插件和扩展。其优点是界面简洁,操作便捷,缺点是功能相对有限,只支持 Mac 系统。

（3）iconfont。

iconfont 是阿里巴巴矢量图标库,提供海量的免费的或收费的 ICON 资源。其优点是资源丰富,使用方便,缺点是图标质量参差不齐,难以满足个性化需求。

8.3.3　ICON 设计流程和方法

ICON 设计包括需求分析、概念构思、图形绘制、效果调整和输出等流程。

（1）需求分析。

在设计 ICON 之前，需要了解产品的定位和目标、用户的需求和喜好，以及 ICON 的功能和场景等信息，为设计提供依据和方向。

（2）概念构思。

在设计 ICON 之初，需要根据需求分析的结果，进行 ICON 的概念构思和草图绘制，确定 ICON 的形状、色彩、风格等基本要素，为设计提供参考和灵感。

（3）图形绘制。

在设计 ICON 时，需要借用设计工具，根据概念构思的结果，进行 ICON 的图形绘制和编辑，创建 ICON 的矢量图形，为设计提供素材和内容。

（4）效果调整。

设计好 ICON 后，需要对 ICON 的图形进行效果调整和优化，包括对 ICON 的大小、位置、对齐方式、间距、色彩、透明度等进行微调。

（5）输出。

ICON 设计完成后，需要将 ICON 图形输出为所需的格式和尺寸，为设计提供成品和交付物。

8.3.4　ICON 设计技巧

（1）图标设计规范。

应用图标：设计时先建立 1024 px×1024 px 尺寸的图标，定稿后输出其他尺寸的图标。

功能图标：以界面的大小为标准，常见尺寸有 48 px×48 px、32 px×32 px 和 24 px×24 px，通常边长为 4 的倍数。

（2）应用网格和参考线。

应用图标：如下图所示，我们将设计完成的图形放在图标栅格系统中，根据参考线来调整图标大小和位置。

功能图标：通常尺寸比较小，需要把画布放大进行设计，可以使用网格和参考线来辅助设计。网格一般在"视图"中开启。图标设计模板示例如下图所示，里面有圆角正方形、圆形、圆角长方形等不同形状的图标范围示意。

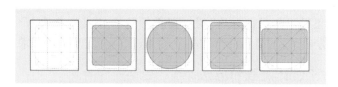

上图所示的图标网格规范可以让不同形状的造型从视觉上看是基本统一的。

（3）使用偶数尺寸绘制图标。

奇数尺寸图标在进行水平对齐时会出现偏差，在缩小时会出现半格像素，导致边缘发虚、不清晰，所以，进行图标设计时应尽量避免奇数尺寸的出现。

（4）注意图标的视觉差。

人的视觉具有欺骗性，在同一个矩形区域中，相同高度和宽度的不同形状会让人看起来觉得不平衡，所以要适当地进行调整使它们看起来是平衡的。物理平衡有时候是不等于视觉平衡的，而在图标设计中我们应该保证视觉平衡。

8.3.5　ICON 设计示例

例如要做一个"人脸识别"的图标，要求设计成面性图标，可以通过图标所表达的产品类型去查找相应类别的图片。

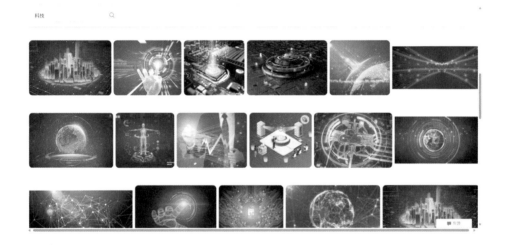

可以看出，信息科技领域的图片通常采用冷色调，且采用青蓝色居多，则可以确定背景底色选择青蓝色调。然后联想产品使用场景，说到人脸识别，大家能想象到一个方框，以及一条扫描线。

再根据场景参考已有的成熟图标设计(iconfont 在此时就派上用场了),摒弃不合适的点,根据现有元素发散思维,就可以打开软件进行设计了。

　　注意单个设计要与整体设计相协调,并且可以多设计几个版式供甲方选择。

　　各项规范、流程和细节在 UI 图标设计中都扮演着很关键的角色。UI 设计师在进行图标设计时,一定要注意遵循设计规范和流程并把控好细节。图标是大多数人认可并持续使用一个 APP 应用的开端,好的图标设计关乎一款 APP 的命运和成败。因此,在图标设计上要保证做到尽善尽美,根据不同的产品定位和用户需求,设计出符合功能、形式、色彩、大小和位置等要求的 ICON,并运用品牌设计理念,为 ICON 加入品牌色、品牌元素、吉祥物或品牌图形等视觉符号,达到既可以全面地体现软件的功能,又能保证与界面整体和谐的效果,使设计兼备美观性与功能性,这样的设计才是符合市场标准及用户需要的。

8.4　练一练:使用 Figma 临摹 ICON

　　请通过临摹现有图标来进一步熟悉 Figma 的矢量工具和操作技巧,临摹对象如下图所示。

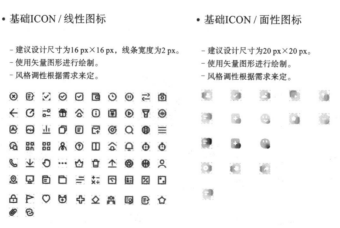

第四部分

交互设计

第9章 原型与交互

9.1 交互原型与用户体验设计

交互原型是一种用来展示和测试产品功能、界面的模拟图或示意图,它可以帮助设计师和开发人员快速验证和改进设计方案,以及与用户和利益相关者进行沟通和反馈。

用户体验设计是一种以用户为中心的设计过程,它涉及对用户需求、情感、行为和场景的研究、分析、设计和评估,以提供满足用户期望和目标的产品或服务。

交互原型和用户体验设计是 UI 设计的重要组成部分,它们可以帮助设计师创建更易用、更有吸引力、更有价值的产品或服务,从而提升用户满意度和忠诚度。

9.1.1 交互原型

原型通常为 APP 原型图或网站原型图,类似于施工前的草图,设计海报的底稿。通过原型设计稿,UI 设计师能够提前发现并解决交互问题,更好地制作交互原型,从而有效地改善用户体验。

1. 分类

在 UI 设计领域,原型主要分为低保真原型和高保真原型两大类,如下图所示。低保真原型主要在产品初期以低精度的界面元素(如线条、矩形等)和简单的交互效果来展示产品的基本功能和操作流程,而高保真原型更适合在产品中期以高精度的界面元素和复杂的交互效果来进行展示,成果比较贴近最终产品的呈现形式,它进一步展示了产品的具体交互细节和视觉表现。

低保真原型   高保真原型

用户需求越来越多变、产品概念越来越复杂，为了适应一些特殊场景的需要，对原型的可交互性提出了一定的需求，由此提出了原型，如下图所示。

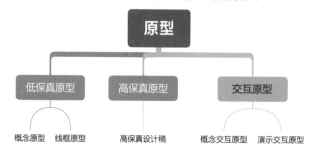

交互原型，顾名思义，就是不仅仅体现产品的概念、产品的呈现形态，还要把用户使用产品的交互过程、页面跳转逻辑关系、元素交互形态都通过原型的方式展示出来，并能让用户感受真实的模拟操作。

2. 特点及作用

交互原型可以模拟真实产品，将产品需求可视化。对于研发团队来说，需求不仅可以靠文字传递，还可以靠图形传递，以及靠操作感知。交互原型的特点主要有三个。

（1）可视化。

通过界面元素的组合和交互效果的设计，将产品的交互功能可视化地呈现出来，方便设计师和相关人员进行评估和讨论。

（2）可交互性。

交互原型提供了模拟用户与产品交互过程的功能，使设计师和相关人员可以通过真实操作体验产品的交互逻辑，从而发现和解决潜在问题。

（3）易修改性。

交互原型的制作过程相对灵活和快速，设计师可以根据需求随时修改和优化原型，以达到更好的效果。

交互原型的特点使团队成员理解需求的成本降低，提高了信息传递的效率和效果。制作交互原型能够验证设计方案、提高沟通效率和简化开发流程。

验证设计方案：交互原型可以帮助设计师验证产品的交互逻辑是否合理、清晰，是否符合用户需求和期望。通过展示和测试原型，可以获得反馈意见，并及时进行调整和改进。

提高沟通效率：交互原型可以作为沟通的媒介，设计师可以通过原型直接向相关人员展示产品的交互效果，从而避免因理解差异而导致的沟通效果差。

简化开发流程：交互原型可以作为开发的基础，为开发人员提供清晰的产品需求和交互规范，从而减少开发过程中的沟通和协调成本。

一个优秀的交互原型不仅可以使产品变得流畅、好用，还可以使用户在使用产品时能够有愉悦的心情。

3. 交互原型设计的常用工具

在设计原型时需要使用相关的专业软件，这些软件可以大大节约设计团队成员的时间。常用的交互原型设计工具和软件有 Axure RP、Figma、MasterGo 和即时原型等。

（1）Axure RP。

Axure RP 是美国 Axure Software Solution 公司的一款旗舰产品，其中，Axure 是公司名称，RP 则是 Rapid Prototyping 的缩写，中文翻译为"快速原型"。启动图标和界面布局如下图所示。

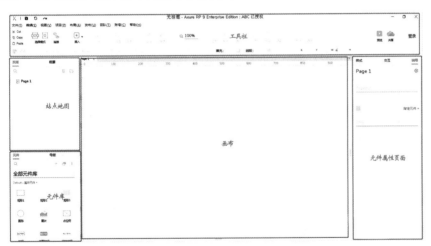

作为专业的原型设计工具，它能快速、高效地创建原型，同时支持多人协作和版本管理，便于团队间的合作。

（2）Figma。

Figma 是一款基于云的界面设计和协作工具，不仅可以创建交互原型，还可以进行界面设计和布局。与其他工具不同的是，Figma 具有实时协作的功能，支持多人同时进行编辑和设计，方便团队成员之间的交流和合作。Figma 还提供了丰富的设计资源和插件，使得设计工作更高效和便捷。

（3）MasterGo。

MasterGo 是一款专注于移动端交互原型设计的工具，它通过简单易用的方式帮助设计师快速创建逼真的移动端原型。MasterGo 拥有丰富的模板和组件库，用户可以快速拖拽组件构建原型界面，并添加各种交互效果，如滑动、点击等。MasterGo 还支持导出多种格式，方便与开发团队共享文件和进行讨论，下图所示的为 MasterGo 的主页。

（4）即时原型。

即时原型是一种轻量级的交互原型工具，主要针对快速原型开发和演示。与其他工具相比，即时原型注重快速搭建原型界面，提供了简单易用的拖拽功能，用户可以快速创建基本的交互界面，展示设计想法。即时原型主要适用于非常初步的原型设计，具有快速迭代和演示的优势。下图所示的为即时原型的工作界面。

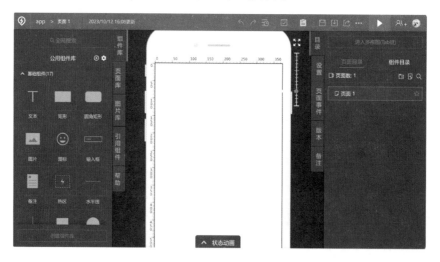

9.1.2　用户体验设计

1. 概述

用户体验设计是一种以用户为中心的设计，它涉及对用户需求、情感、行为和场景的研究、分析、设计和评估，以提供满足用户期望和目标的产品或服务。其以人为本的设计思想最早出现在 20 世纪工业设计飞速发展的时期，其目的是获得产品与人之间的最佳匹配状态。以用户为中心，就是在进行产品设计、开发、维护时，从用户的需求和用户的感受出发，围绕用户进行产品设计、开发及维护，而不是让用户去适应产品。

用户体验设计的主要目标是为用户提供出色的产品使用体验，以达到以下几个方面的目标。

（1）满足用户需求：了解用户的需求和期望，确保产品能够满足这些需求，解决用户的问题。

（2）提升用户满意度：通过令人愉悦的交互和设计，提升用户对产品的满意度，促使他们愿意长期使用并推荐产品。

（3）优化用户学习曲线：设计产品界面和交互方式，使用户能够快速上手，减少学习和适应的时间。

（4）减少用户错误和减轻用户挫败感：通过清晰的界面设计和反馈机制，降低用户犯错的可能性，减轻用户的挫败感。

（5）提高产品可用性：优化产品的导航和操作流程，确保用户能够轻松找到所需信息和功能。

2. 原则

在开始设计网站之前，首先要深思熟虑，多参考同行的页面，汲取前人的经验教训，并进行总结，这些经验可以帮助我们避免犯前人所犯的错误。

设计网站时，应遵循以下 6 个原则。

（1）一切以用户为中心。

设计的页面要确保用户能快速找到他们需要的内容，如下图所示，可巧妙地使用导航设计来实现，将类似的链接分组放在一起，并给出清晰的文字标签。

（2）保证一致性。

保持界面元素和交互方式的一致性，使用户能够在不同部分轻松识别和理解设计成果。在设计页面时，我们首先要明确网站有哪些约定，同时还要事先制定好样式指南，从而约束设计，确保设计风格的一致，如下图所示。

（3）及时提供错误提示。

为避免用户在观看网页并填写信息出现错误时产生悲观情绪，我们可以在网页中设计预防、通知和保护功能。如下图所示，用户在操作过程中出现错误，要及时以一种客观的语气明确地告诉用户发生了什么状况，并尽力帮助用户恢复正常。

（4）提供反馈机制。

及时提供反馈，告知用户其操作的状态和结果，可减少不确定性。如下图所示，用户在京东网站按下按钮提交表单时，将会出现页面提示及时反馈用户期望，为用户的下一步操作提供指引。

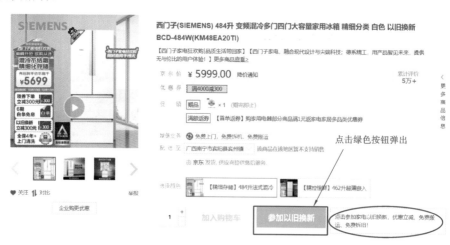

（5）保证简单性。

保持设计简单，避免复杂和冗余的元素和功能，以提高可用性。

（6）保证可访问性。

确保产品对于所有用户，包括残障用户，都是可访问的，遵循无障碍设计原则。

通过遵循用户体验设计原则，设计师可以创建一个用户友好、令人满意的购物网站，从而提高用户忠诚度和销售额。

交互原型和用户体验设计是 UI 设计中不可或缺的两个环节。利用交互原型，我们可以预先规划和验证产品的交互逻辑，从而改善用户体验；进行用户体验设计，则可更好满足用户需求和预期，为用户提供一个愉悦和有效的产品使用体验。只有将交互原型和用户体验设计结合起来，才能设计出质量优秀且受用户喜爱的产品。

9.2 交互原型的制作

9.2.1 交互原型的形式

交互原型包括低保真原型和高保真原型两种形式。

1. 低保真原型

低保真原型也称为线框图，是将高级设计概念转换为有形的可测试物的简便快捷方法。它首要的作用是检查和测试产品功能，而不是优化产品的视觉外观。

低保真原型的基本特征为：仅呈现产品的一部分视觉属性；仅呈现产品内容的关键元素；仅呈现产品中重要功能所涉及的页面关系。

低保真原型能够帮助我们准确地划分网页，将网页中的各功能模块和要显示的信息分开，并确定该网页中各个功能模块和要显示的信息的接口。

在使用高保真原型之前，我们通常要用 Axure RP 等工具来绘制线框，再利用已知的组件资源或实例，快速地绘制出线框图。

低保真原型的优点在于：拥有较低的制作成本，可在短期内快速完成设计；便于设计团队复用原型组件，有利于避免烦琐的返工；易于与团队成员和客户进行讨论，降低沟通成本。

然而，低保真原型在表现力方面有一定的限制，无法完全展现最终设计的细节和交互效果，也无法准确评估用户体验。因此，低保真原型适用于早期的概念验证和交互流程设计，以及与团队成员和客户进行初步讨论和反馈。

低保真原型是一种相对简单的技术，当产品团队需要探索不同的想法并快速优化设计时，它会非常有用。

2. 高保真原型

高保真原型是以计算机为基础并与产品最终样式相似的高交互设计成果。

高保真原型的基本特征包括：具有逼真细致的设计，成果看起来就像一个真正的 APP 或网站；原型包括最终设计中显示的大部分或全部内容；原型在交互层面非常逼真，原型能让你看到真实的用户界面。

高保真原型对色彩和图标的要求很高，并且需要在界面中加入逼真的图标和图像。为提高模型的逼真度，设计师会对各构件的风格和交互特性进行分析，并将其应用于构件和网页，配置交互行为。

创建高保真原型有以下优点：高保真原型通常看起来像真正的产品，可以让用户清楚地了解产品的主要功能；借助高保真的交互性，可以测试特定交互，比如动画过渡和微交互；高保真原型可以确保从产品经理到设计师，每个人都能把握产品的方向；能够更加详细地展现产品的功能及业务需求，可以测试非常具体的交互细节。

3. 适用场景

低保真原型主要适用于以下场景。

（1）头脑风暴：适合快速的头脑风暴，向客户、开发者和项目参与者演示设计想法。

（2）早期测试：可以把握关键的功能，更好地定义流程、信息架构及 UI 布局。

（3）开发确认：用于在前期确定在技术层面上是否能够实现功能体验，避免后期无法开发。

高保真原型主要适用于以下场景。

（1）功能实现：确保核心功能需求方面达到了用户的基本目标。

（2）交互设计：确保大多数交互都是直观且具有趣味性的。

（3）测试开发：可以节省写代码的时间，有效减少了错误和返工。

无论是低保真原型还是高保真原型，它们都是 UI 设计过程中不可或缺的重要工具。如果想要提升产品的用户体验，充分利用好原型是必不可少的一项技能。同时，应注重团队的协作与沟通，令交互原型在 UI 设计过程中发挥出最大作用。根据产品需求，选择最有效的原型设计方法至关重要，因为这种方法可以最大限度地减少工作，最大限度地提高学习效率。

9.2.2　高保真原型的制作

高保真原型有几种实现工具——Axure RP、Figma、MasterGo、即时原型等，每种工具各有长处，也都有弊端。

Axure RP：有交互、制作成本高、高度保真。

Figma：有交互、制作成本较低、中度保真。

MasterGo：无交互、制作成本低、中度保真。

即时原型：有交互、制作成本低、中度保真。

此外，还可以用即时设计实现一个高保真原型，操作非常简单，还能实时预览设计效果。

第一步，新建文件，选择合适的设备尺寸。

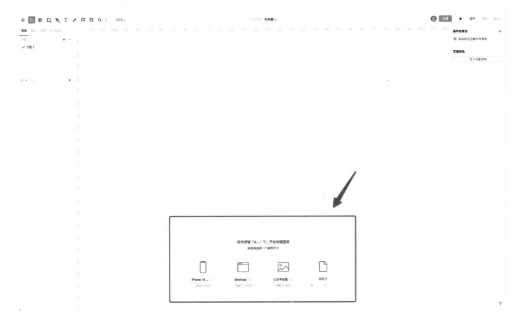

第二步，从图标库中添加所需的界面元素，如按钮、文本等，也可自定义图标满足具体需求。

　　第三步，点击进入原型模式，默认选择起始面板后，通过拖拽"链接"图标实现页面间的交互切换。

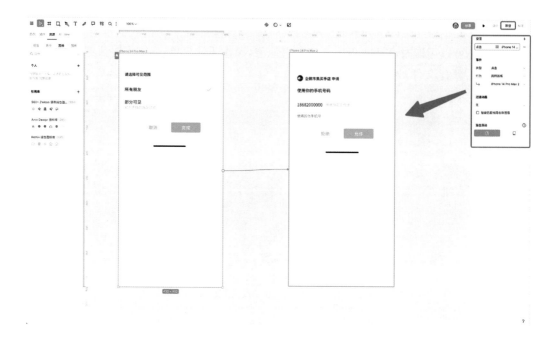

　　第四步，点击"演示"预览高保真原型，检查是否符合设计要求。

　　第五步，生成链接分享给团队，进行迭代修改和反馈收集。

这实现了从原型到设计再到交互的一体化，避免了多平台传输带来的细节丢失。交互设置简单，效果丰富，可以一键交付且自动生成标注，全中文界面更符合国内用户使用习惯。

9.2.3 高保真原型的展示和评估技巧

展示高保真原型的技巧如下。

（1）选择合适的演示方式：根据展示的环境和受众的需求，选择合适的演示方式，可以使用屏幕录制工具录制高保真原型的交互过程，或者使用投影仪将其展示给团队和客户。另外，将原型转化为可交互的 HTML 文件或使用原型工具进行展示也是不错的选择。

（2）强调关键功能和交互：在展示高保真原型时，重点突出展示关键的功能和交互细节，以帮助观众更好地理解产品的核心价值和用户体验。通过逐步演示和讲解，将设计意图传递给观众，解释交互的目的和优势。

（3）提供引导和说明：在展示高保真原型时，设计师可以提供一份简洁明了的用户指南或说明文档，以帮助观众更好地理解原型的交互流程和功能。这样可以确保观众能够准确地操作和体验高保真原型，从而更好地提供反馈。

评估高保真原型的技巧如下。

（1）组织用户测试和观察：通过组织用户测试和观察，收集用户使用高保真原型的反馈和行为数据。观察用户在使用过程中的行为和表情，收集他们的意见和建议，以评估用户对交互和设计的理解和满意度。

（2）邀请专家评审：邀请 UI 设计专家或领域内的同行对高保真原型进行评审，他们可以提供宝贵的专业见解和建议，帮助发现潜在的问题和改进的方向。

（3）及时进行反馈收集和整理：设计师可以通过面对面的会议、在线调查或反馈工具收集团队成员和用户的反馈意见。及时记录和整理这些反馈意见，并加以综合分析，以优化设计和改进用户体验。

（4）进行数据分析：利用数据分析工具，如 Google Analytics 等，跟踪和分析用户在高保真原型上的行为数据。通过分析用户的点击热图、使用路径和转化率等，评估高保真原型的有效性和用户体验是否达到预期目标。

总而言之，在展示高保真原型时，设计师应该选择合适的演示方式，强调关键功能和交互，并提供引导和说明以确保观众的理解。在评估方面，设计师可以通过用户测试和观察、专家评审、反馈收集和整理及数据分析等方法来综合评估高保真原型的效果和用户体验。通过这些技巧，设计师可以优化高保真原型，提升产品的用户体验和品质。

使用 **Figma** 搭建低保真原型

第10章
设计规范

10.1 设计规范概述

设计规范是对设计工作的具体技术要求和规则。通常包括总体目标的技术描述、功能的技术描述、技术指标的技术描述及限制条件的技术描述等内容。设计规范帮助设计师产出一致的设计方案,并优化设计流程,提高设计的执行效率,节省时间和成本,从而传递统一的品牌特性。

10.1.1 设计原则

设计原则是为了提供良好的用户体验而制定的指导原则,此外,可根据产品的特点和目标来确定设计方向和风格的关键词。以下是常用设计原则和关键词。

(1)系统需要遵循用户的生活认知和使用习惯,同时也需要保持系统界面设计的一致性。关键词可以是统一、格式一致、结构一致等。

(2)系统需要进行实时反馈,这个反馈包括操作时产生的动效及操作后界面的内容变化。关键词可以是明确、符合期望等。

(3)系统多用于提高工作效率,故其本身的流程应该简明直观,界面应简单直白,语言需要表意明确。关键词可以是快速、简洁、高效等。

(4)系统应被用户掌握,用户可自主对系统进行增、减、改、取消等,系统可提供对应的提示,但不能代替客户做决策。关键词可以是控制、控制性等。

确定设计方向和风格的方法如下。

(1)寻找产品特质。

每个产品都有其独特的气质,这些气质是由设计赋予的。然而,设计必须忠于产品的目标和方向,形式必须服务于功能,否则其只会成为一个"装饰品"。应用的特质多种多样,如柔美灵巧、阳刚有力、热情奔放、冷酷神秘、简约自然、有趣可爱、优雅高贵、现代时尚、前卫新奇、复古经典等,每种特质都有对应的视觉语言。

(2)确定主色。

淘宝(橘色)、天猫(红色)、微信(绿色)的品牌色深入人心,一看到对应的颜色就会联想到相应的应用。因此，我们必须明确一个主色，并根据这个主色搭配不同的辅助色，设计各种颜色的控件，通过这些控件的组合形成完整的界面。主色将用于应用的导航栏，导航栏是全局的，也是用户常看的部分。

（3）选择合适的图标、插图。

选择合适的图标可以突显应用的气质。插图能生动地反映应用的整体风格。例如，纤细的线性图标设计非常优雅，而不规则的卡通图标适合儿童类应用。

（4）选用符合产品气质的字体。

字体是设计师的重要工具之一，恰当地运用字体可以更好地表达产品的定位和内容。优秀的字体设计既能传达信息，又能实现视觉审美目标。然而，困扰着许多设计师的问题是，无论在哪个平台上，移动系统自带的中文字体都相对有限，缺乏独特特色。内嵌字体即成为了追求完美的设计师们的一种解决方案。

（5）优化排版设计。

排版设计是指在有限的版面空间内，根据所要表现的主题和设计美学，有组织地安排和布局界面元素，以形成一个充满艺术美感的整体形象。应用界面的排版设计决定了应用最终的视觉形象，对应用的品牌形象具有重要影响。

（6）做好文案设计。

文案是应用的重要组成部分，通过语言表达应用的信息内容。文案在加速应用产品信息传播方面发挥着非常重要的作用，出色的文案设计可以提高应用的效果。

10.1.2　设计文字

1. 字体

在选择字体时，需要考虑到不同字体具有不同的风格和特点，因此要根据设计作品的定位和风格来选择合适的字体。例如，如果设计作品注重正式和专业感，可以选择经典的无衬线字体，像 Helvetica 或 Arial；而如果设计作品追求时尚和年轻感，可以选择现代的衬线字体，如 Roboto。应尽量避免选择难以辨认的字体，以保证信息的清晰传达。

2. 字号

字号需要根据设计作品的阅读环境和使用者的需求来确定。一般而言，标题和重要信息需要较大的字号以突出重点，而正文和副标题则需要较小的字号以使整体布局更加平衡。

3. 字重

字重是指字体的粗细程度。字重的选择要与设计作品的整体风格和情感需求相匹配。例如，在一份正式报告的设计中，可以选择使用正常或中等的字重来传达严肃和专业感。而在一个婴儿产品的设计中，可以选择使用较为圆润和轻盈的字重，以增强亲和力。

4. 行高

行高也称为行间距，指的是文字行与行之间的距离。适当的行高可以增强文字的可读性，以及整体排版的舒适感。行高的选择取决于设计作品的具体情况，例如，如果是一篇文字较多的文章,行高可以稍微大一些,以便读者更好地分辨每一行。而在一份简洁的海报设计中,可以适当缩小行高,使文字更为紧凑。

5. 颜色

颜色的选择要与设计作品的主题和情感表达相一致。例如,在一个健康类 APP 的设计中,可以选择绿色来表示活力和健康,而在一个浪漫氛围的设计中,可以选择粉色来传达温馨和浪漫的情感。此外,还需要考虑颜色的对比度,以确保文字与背景之间协调。

10.1.3　网格系统

运用网格系统的目的是将页面划分为等分的行和列,以便更好地组织和安排页面元素。通过将页面划分为行和列,设计师可以将不同的内容模块放置在单元格中,从而实现一致的布局和精确的对齐。网格系统充分利用了页面的空间,并帮助设计师确保页面的合理性、整洁美观。

举例来说,假设我们正在设计一个新闻网站的首页,我们可以选择一个 12 列的网格系统,将页面的宽度等分为 12 份。然后,我们可以将不同的内容模块放置在不同的列中,比如导航栏可能占据前 3 列,主要新闻块可能占据剩下的 9 列。通过这种网格布局,页面的各个元素可以有序地排列,并保持一致的间距和对齐方式。这样的布局不仅能够提供清晰的导航和引人注目的新闻内容,同时也遵循了设计规范,保持了网站整体的一致性。

运用网格系统来建立页面的布局和结构,我们还需要关注间距和对齐的一致性。间距的设置应该是统一的,可以通过在网格系统的列之间和行之间添加固定的间距来实现。同时,对齐也是很重要的,在网格系统内将元素的边缘对齐到行、列或基线上,以实现对齐的一致性,这样可以使页面看起来更加整洁和专业。

10.1.4　色彩

运用色彩可以有效地传达品牌特征和情感氛围,我们可以借助色彩心理学原理来选择合适的颜色。色彩心理学研究了颜色与人类情绪和行为之间的关系,每种颜色都会引起人们不同的情绪和反应。下面将详细介绍如何运用色彩,并结合色彩心理学原理选择能够表达品牌特征和情感氛围的颜色。

在选择颜色之前,我们需要对品牌特征进行初步了解,包括品牌的目标用户、品牌的核心价值观、品牌的产品或服务定位等。通过了解这些信息,我们可以更准确地选择适合品牌的颜色。

主色是最主要、最显眼的颜色,常常用于品牌标志、品牌网站和应用程序等重要元素中。我们可以根据品牌的特征和目标来选择主色。例如,对于一家以创新和科技为主题的品牌,可以考虑选择蓝色作为主色,因为蓝色常与可靠性、专业性和科技相关联。

辅助色是主色的补充,用于提升品牌形象的丰富性和多样性。在选择辅助色时,我们需要考虑其与主色的协调性。同时,还可以根据色彩心理学原理选择合适的颜色来传达特定的情感氛围。例如,品牌希望传达温暖、友好的情感氛围时,可以选择橙色或黄色作为辅助色;而品牌希望传达稳定、安全感时,可以选择绿色或蓝色作为辅助色。

在选择和使用色彩时，我们需要注意颜色的搭配和平衡。不同颜色之间有着不同的视觉效果和情感联想，一种常用的方式是使用色轮来选择互补色或同类色，以达到视觉上的和谐和平衡。另外，通过在设计中运用色彩的不同饱和度和明度，也可以获得丰富的层次感和视觉冲击力。

10.1.5　图形元素

1. logo 设计

logo 作为一个品牌的标志，应该具有独特性和识别性，能够代表品牌的特点和价值观。在设计 logo 时，我们可以运用简洁的几何形状、有意义的符号或特定的字体来表达品牌的特点。例如，Nike 的 Swoosh 标志运用了简洁的弧线，体现了速度、动感等关键词。

2. 图标设计

图标作为界面中的小元素，起到了传递信息和引导用户的作用。一个好的图标设计应该简洁、清晰，并能够准确传达其代表的功能或概念。在设计图标时，我们可以运用视觉隐喻、简化形状和符号等手法，使图标更易于理解和记忆。同时，可以运用色彩和纹理的组合来增强图标的美感和趣味性。

3. 插画设计

插画是一种具有艺术性和表现力的图形元素，在 UI 设计中可以用于营造特定的氛围和增强趣味性。插画的设计应根据界面的主题、品牌的特点和目标用户来选择合适的风格和表现形式。通过使用生动活泼的插画，可以增强界面的互动性和吸引力。

10.1.6　组件库

1. 理解产品架构

深入理解产品架构有助于设计师快速构建组件库的基本框架，以此为基础对组件进行分类和权重排序。此外，不同业务属性对界面布局有很大影响，但对于相同业务属性，其结构布局基本大同小异，这充分体现了组件的复用性，这并不是因为设计师不想做差异化，而是在同行业中，相同业务属性已经形成了较为成熟的结构布局，较大的变化会违背用户的常用习惯，从而导致用户反感，得不偿失。因此，通过对产品架构进行了解，设计师可以把更多的差异化放在组件细节上，以提高用户接受程度。

2. 组件分类整理

在 UI 层面上，可以将组件分为四种类型：原生组件、扩展组件、自定义组件和封装组件。原生组件和扩展组件属于系统（Android、iOS、小程序）自带的组件，将它们归类为基础组件。自定义组件和封装组件与产品功能有较强的关联性，将它们称为属性组件。明确这些定义可以帮助我们合理规划前期工作，并有利于后期的组件调用。

原生组件：系统本身自带的组件，例如按钮、弹窗、导航栏等。

扩展组件：在原生组件的基础上进行了扩展，例如在 toast 弹窗中加入图标、在导航栏中增加功能入口等。

自定义组件：自行设计的具备产品特性的组件，例如商品列表等。

封装组件：根据产品常见的使用情况进行组合封装的常用复杂组件，如日历组件等。

3. 结构细分

结构细分是指对原本独立的组件进行拆分，将其拆分至单一元素的最小颗粒（原子），以充分提高细小组件的复用率。当需要修改时，可以进行独立调整并响应全局，然后再次进行整合重组。通过多次使用拆分和重组的方式，最终可以呈现出多样的组件样式。

4. 命名规范

对组件进行合理的命名是整理和维护组件库的重要环节之一。一方面，它能使后续的维护更加有条不紊；另一方面，能确保已经形成的组件便于设计索引和调用。如果没有一套被认可的命名规范，团队中成员就无法快速调用组件。

每个类别都包含若干组件，每个组件又具有多个状态，为了体现结构层次，可以在组件名称中使用"/"符号进行场景类别的分隔，并以此作为标志逐级命名，示例如下：

　　　按钮/主操作/大按钮/待激活

　　　按钮/主操作/小按钮/可操作

　　　表单/输入框/初始状态

10.2　规范的编写与使用

规范的编写与使用能保证设计效果的一致性和品质，降低页面中的错误率和提高页面整体设计质量。规范能够为页面设计提供一个参考标准，从而实现UI项目的规范化输出。

规范的编写与使用的目的主要涉及三个方面。

首先，方便团队协作。在设计过程中，我们不能凭感觉进行设计，否则可能导致产品与设计图之间存在较大差异，因此，我们需要明确指出要点，并向开发团队强调按照特定方式进行开发，这就需要有一份规范文档作为参考。

其次，保证界面一致性。对于设计师而言，在同一个产品中，每个页面的控件和元素应该具有一致性和统一性。设计师常常使用符号进行元素的复用，以确保几百个页面上的同一元素完全相同，然而，由于页面数量的增加，可能会存在一两个像素级别的差异，这时便需要一份规范文档，使开发人员能及时意识到差异的存在，减少很多问题的出现。

第三，便于版本迭代。在规范文档中，通常会使用"重要"和"次要"等词汇来对内容进行分类，以此来定义产品的风格，包括主要色调和版式等，这将在后续版本的迭代中起到重要作用，避免新版本与旧版本风格的不一致，使人们感觉它们完全是两个不同的产品。

规范的使用流程对于设计规范的应用至关重要。像一款好产品应简单易学一样，设计规范也必须简单、易上手。

（1）形式应追随内容。无论是文档还是海报，关键都是清晰表达内容并让使用者熟记。就像很多公司将公司的使命和价值观作为标语张贴在墙上一样，设计规范也可以通过一些有趣且重复的形式进行传达和落实,且不局限于文档形式。

（2）应简化使用流程。设计规范的使用方式应尽可能简单,需要站在使用者的角度,考虑他们的最佳学习途径和需求。具体做法包括:设定规范的固定位置,易于查找;提供快捷的应用形式,如插件、组件等,方便实际操作;确保内容的更新能够让所有人无差别获得。

（3）要让使用者对规范有认同感。就像一款好产品需要打动和感染用户一样,设计规范也需要获得使用者的认同。需要帮助使用者建立起对设计规范的认同感,就像只有当用户真正认可产品的价值和功能时,才会心甘情愿地追随和应用该产品。

编写规范涉及的要素如下。

1. 颜色

主要包括基础标准色（主色）、基础文字色、全局标准色,这些都需要标好色值及使用场景。

有时也会用到渐变色。

2. 字体

不需要将所有页面的字号都纳入规范,主要把常用的字号,以及所使用的场景写清楚就好。

需要注意的是,使用场景要写一些带有明确性指向的描述文字,比如顶导航标题字号、Feed 正文、详情页标题等。

字号	使用场景
48 px	详情页标题（加粗）
32 px	Feed 标题
24 px	用户昵称、Feed 操作栏

　　另外，要注意行间距，不管是一行文字还是多行文字，我们都需要标注清楚行间距，也就是行高，如果涉及段落的话还需要标注段落间距。

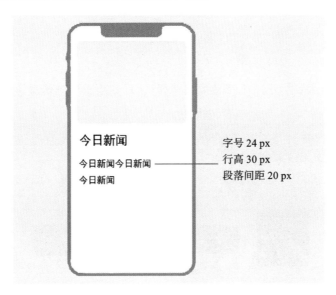

　　今日新闻

　　今日新闻今日新闻　　　　字号 24 px

　　今日新闻　　　　　　　行高 30 px

　　　　　　　　　　　　段落间距 20 px

3. 图标

　　项目紧急而人员又不足的时候，我们可以优先确定几个大的模块尺寸，比如顶导航、底导航、个人中心等图标的尺寸。

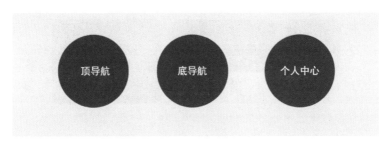

　　另外，图标尺寸种类不宜过多。

4. 按钮

按钮涉及大小、色值、圆角度，以及点击状态、默认状态、禁用状态等的设置。

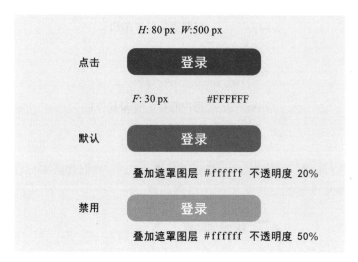

初期可先设定大、中、小三个尺寸的按钮样式，后期根据实际情况进行调整。

5. 图片

图片包括 APP 内所有的图，如产品图和用户头像等。制定规范前需确定图片比例，如 1 : 1、2 : 1、4 : 3、16 : 9 等。

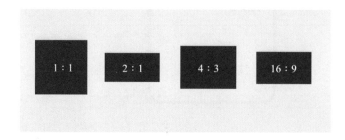

同时，要明确每个模块所用的图片大小及比例，如涉及圆角度也应注明。

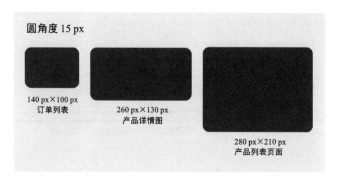

6. 图标风格

在做图标时，先确定图标大小、样式、风格、线条粗细等，可暂定几个示意样式，等所有界面完成后再统一进行绘制。

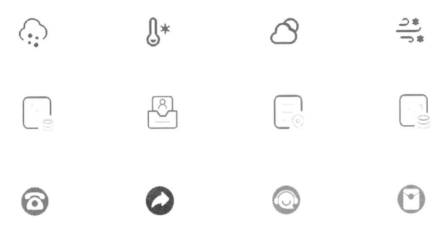

7. 尺寸

（1）设计图尺寸。

多使用 750 px×1334 px(@2×)尺寸，也可使用 720 px×1280 px(@2×)或 375 px×667 px(@1×)尺寸，但需确定一个统一的设计尺寸。

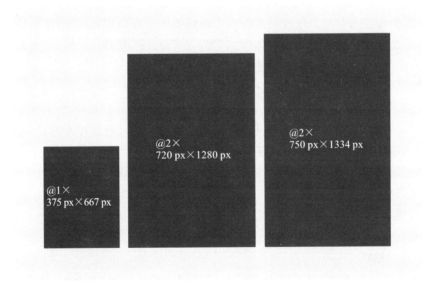

（2）间距。

包括边距、模块与模块之间的间距等。

边距大小较好确定，如采用 20 px、24 px、32 px 等，根据产品特性确定就好。

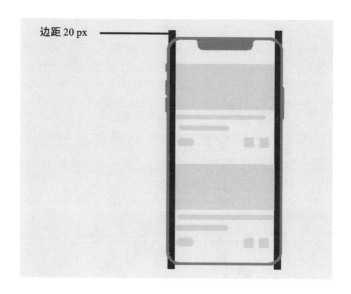

模块与模块之间的间距的确定相对复杂,需要先确定分割方式(如线、面、留白等),再确定间距。

10.3　规范的更新与改进

规范的更新与改进是指对已有的设计规范进行更新和改进,以适应不断变化的设计趋势、用户需求和技术发展。设计规范作为一种标准和指导,帮助设计团队保持一致性和高效性,确保设计项目的质量和用户体验。它包含了设计元素、布局、样式、色彩、字体、交互等方面的规范,以及设计原则和最佳实践。

设计规范的更新与改进有以下几个主要目的。

(1)跟随设计趋势。

设计行业不断变化和创新,新的设计趋势不断出现。通过更新和改进设计规范文档,设计团队能够紧跟当前的设计潮流,保持作品的现代感。

(2)提升用户体验。

设计规范是提升用户体验的重要工具,它可以确保设计项目与用户的期望和行为相符。通过更新和改进设计规范,可以优化用户界面、交互和流程,提供更好的用户体验。

(3)保持一致性。

设计规范的更新和改进有助于保持设计团队的一致性。确定好统一的规范要求,能够让设计师在各种项目中保持一致的设计风格和标准,这有助于提高团队合作的效率和保证品牌形象的统一。

(4)跟进技术发展。

设计规范需要与新的技术和工具保持同步,以确保设计的可实施性和可操作性。更新和改进设计规范,可以适应不断变化的技术发展,确保设计的可持续性和进步性。

（5）做好反馈与持续改进工作。

通过收集和分析用户和团队的反馈意见，可以持续改进设计规范。更新和改进设计规范是加强团队与用户之间的沟通和协作的重要手段，通过不断优化和更新规范，可逐步提高设计规范的质量和效果。

规范的更新与改进的各个环节涉及的工具或功能如下。

（1）团队协作工具的选择。

一些常用的团队协作工具包括 Slack、Trello、Asana、Jira 等，这些工具可以帮助我们与团队成员进行高效沟通、协同工作和任务分配。注意应根据团队的规模、需求和偏好来选择合适的工具。

（2）设计规范文档的共享与协作。

选择一个易于共享和协作的设计规范文档工具，如 Figma、Sketch、Adobe XD 等。这些工具可以帮助我们创建、编辑和共享设计规范文档，同时支持实时协作和版本控制。

（3）项目管理与任务分配。

团队协作工具中的项目管理功能，如 Trello 的看板、Asana 的任务列表等，可以帮助我们更好地安排项目进度和进行任务分配。

（4）收集和整理反馈意见。

团队协作工具中的反馈收集功能，如 Slack 的投票、Asana 的评论等，可以帮助我们收集和整理反馈意见。

（5）进行版本控制与查看修订记录。

团队协作工具中的版本控制功能，如 Figma 的版本历史、Sketch 的修订记录等，可以帮助我们对设计规范文档进行版本控制，并查看修订记录。

（6）培训与通知。

团队协作工具中的通知功能，如 Slack 的提醒、Trello 的通知等，可以帮助我们及时通知团队成员有关设计规范更新与改进的信息。

（7）定期总结与回顾。

团队协作工具中的总结和回顾功能，如 Asana 的周报、Jira 的回顾会议等，可以帮助我们及时了解项目进度、团队成员的工作情况和设计规范的改进情况。

更新与改进设计规范涉及的方法如下。

（1）收集用户反馈。

与用户保持密切的沟通和合作，可以通过用户调研、用户测试、用户访谈等方式，主动收集用户对设计规范的反馈和意见。例如，可以通过访谈或焦点小组方式了解用户对规范的理解和应用情况。此外，利用在线调查工具也能帮助我们收集大量的用户反馈。

（2）收集和分析设计规范的使用情况。

使用数据分析工具（如 Google Analytics 或 Hotjar）来了解用户在使用产品过程中遇到的问题和痛点。通过分析用户的点击热图、页面浏览路径等数据，可以发现用户对设计规范的应用情况，识别规范存在的问题和不足。

（3）追踪市场趋势。

市场上最新的设计趋势是设计规范更新的重要参考依据。我们需要密切关注业界的变化和趋势，参加行业研讨会、阅读专业期刊和博客，从中获取对设计规范的新认知。此外，关注其他产品的设计实践和用户反馈，能帮助我们更好地洞察市场。

（4）了解技术变化。

跟踪最新的前端技术、开发工具和交互设计的趋势，可以有效帮助我们了解设计规范在技术层面的应用问题和挑战。例如，在移动设备普及和响应式设计盛行的时代，我们需要关注设计规范在不同设备和屏幕上的表现和适应性。

（5）设计团队进行合作与反思。

组织团队进行讨论和交流，与其他设计师一起分享对规范应用的经验，可以帮助我们意识到规范存在的问题和不足。定期举行团队会议和设计评审，以促进设计团队人员之间的合作和信息共享。

设计规范的更新涉及如下步骤。

（1）设定目标。

在制定设计规范的更新计划时，首先需要明确更新的目标。目标可以是优化现有设计规范，以提升用户体验和设计质量，或者是适应市场趋势和技术变化。明确目标有助于团队在更新过程中保持方向感和一致性。

（2）界定范围。

在确定更新范围时，需要考虑哪些设计规范需要进行更新，以及更新的程度。例如，可能需要对字体、颜色、间距、组件样式等设计元素进行调整，或者对组件的交互行为进行优化。明确范围有助于确保设计规范更新的有效性和针对性。

（3）设定优先级。

应根据更新目标、范围和市场趋势，设定设计规范更新的优先级。优先级可根据影响用户体验的程度、技术实现的难易程度等因素来设定。明确优先级有助于合理安排时间和资源，确保设计规范更新的高效性和及时性。

（4）安排时间。

根据设计规范更新的范围、优先级和资源状况，制定合理的更新时间表。时间表可以包括阶段性目标和具体的时间节点。明确时间安排有助于团队成员更好地安排工作进度，确保设计规范的更新按时完成。

（5）分配资源。

在制定设计规范更新计划时，需要考虑所需的资源，包括人力资源、技术资源和设备资源等。合理分配资源有助于确保设计规范更新的顺利进行，提高更新效果。

设计规范的更新任务包括以下几方面。

（1）修改设计规范。

应先仔细审查现有的设计规范，找出需要修改的部分。这可能包括修改现有元素、规则或组件的描述，或者根据实际情况调整设计规范的具体内容。在进行修改时，要确保所有的修改都是必要且合理的，同时要保持文档的一致性和准确性。

（2）添加新的设计规范。

如果现有的设计规范不足以覆盖新的设计需求，或者市场环境发生了变化，可能需要添加新的设计规范，则这些新的规范应该详细描述新的设计元素、规则或组件，以确保团队在未来的设计工作中有一个明确的标准。

（3）删除过时的设计规范。

随着时间的推移，一些设计规范可能会变得过时或不再适用，在这种情况下，应该删除这些规范，并确保文档中没有与此相关的内容。

（4）同步更新设计资源库和开发资产。

更新设计规范文档后，还需要同步更新设计资源库和开发资产，包括：

①更新设计资源库中的图像、图标、颜色等资源，确保其与更新后的设计规范一致；

②更新开发资产，如 CSS、JavaScript 代码库等，确保它们与更新后的设计规范相匹配。

测试和评估设计规范的更新效果的方法如下。

（1）进行用户测试。

招募真实用户参与测试，观察他们在使用更新后的设计规范时的行为和反应。用户测试可以通过使用情境任务、进行问卷调查、观察用户行为等方式进行。通过用户测试，我们可以收集用户的反馈和意见，了解他们对更新后设计规范的理解和体验，发现潜在问题并及时进行修正。

（2）进行用户体验评估。

除了用户测试，用户体验评估也是测试设计规范更新效果的重要手段之一。可以使用问卷调查或用户体验评估方法（如心理学度量、用户情感调查）来评估用户对设计规范更新的满意度、享受度。

（3）进行技术评估。

设计规范的更新需要与技术要求相匹配。在更新过程中，应与开发人员密切合作，确保新的设计规范在技术实现上没有冲突或难以实现。应及时进行技术评估，确保设计规范更新后对应的产品能够顺利上线，并兼容各种不同的设备和操作环境。

（4）进行绩效评估。

通过对更新后产品的关键性能指标进行跟踪和比较，如用户转化率、用户满意度、页面加载速度等，可以评估设计规范的更新是否有利于预期目标的实现并带来业务价值。

设计规范更新内容的发布和推广步骤如下。

（1）发布新版设计规范。

在发布新版设计规范前，需要准备一个清晰且易于理解的更新内容说明，包括新的设计元素、规则和组件，以及与之相关的更新原因和目标。将发布内容整理成易于查阅、可共享的文档或在线资源，确保它们可以方便地被相关人员获取和阅读。

（2）通知和培训相关人员。

通过组织会议或培训课程等方式，通知并培训相关人员使用新版设计规范。可以对产品经理、其他设计师和前端开发工程师等人员进行详细的解释和演示，确保他们理解并掌握了新版设计规范的使用方法和要点。此外，还可以提供相关文档、视频教程和在线资源作为参考和学习材料。

（3）推广新版设计规范。

除了正式培训，还可以通过内部邮件、公告栏、内部社交媒体等渠道来推广新版设计规范,应展示设计规范更新的重要性和优势,并解答相关人员提出的问题和疑虑,着重强调新版设计规范对于提升用户体验、提升品牌形象和保持一致性的重要性。

(4)收集和处理反馈意见。

在推广过程中,鼓励相关人员提供他们对新版设计规范的反馈意见。可以通过在线表单、反馈邮件、会议讨论等方式收集反馈意见。应及时整理和分析收集到的反馈意见,并根据需要对设计规范进行修订和改进。与相关人员保持沟通,让他们了解到他们的反馈得到了重视和处理,增加他们对新版设计规范的接受度和参与度。

基于需求的 UI 设计

11.1 设计流程

在实际的设计过程中,我们通常会遇到三种情况。

(1)承接完整项目的界面设计需求。根据团队角色分工的不同,设计师可能需要负责的工作有设计调研、设计调性确认、项目的低保真原型图设计、与开发人员对接设计稿,以及跟踪设计落地的还原度。

(2)承接完整项目中新开发的功能设计需求。设计师可能需要负责根据给到的低保真原型图或需求文档,使用设计工具设计出可供开发人员进行还原的设计稿,并跟踪设计落地的还原度。

(3)承接完整项目中成熟功能的设计需求。设计师可能需要根据现有的设计规范,完成设计需求涉及的内容,并设计出可供开发人员进行还原的设计稿,并跟踪设计落地的还原度。

不同的流程所使用的技巧有所不同,当我们掌握了全部流程的技巧,那么无论从何处下手都会得心应手。

实际工作中的设计流程如下。

(1)获得需求。根据需求文档或口述传达等途径,获取原始的设计需求。

(2)需求分析。根据需求从两个角度去分析:①设计调性分析,根据需求所属的行业、面向的用户群体去进行分析,以此来决定使用什么样的色彩与设计风格;②设计需求目的分析,评估现有技术基础设施和资源,确定技术是否会限制设计的落地,与开发团队了解实现特定功能的技术可行性,如不合适,需要及时调整设计思路。

(3)寻找设计参考。设计参考一般包含色彩参考、调性参考、用户群体倾向风格参考等,设计师需要根据这些参考,融合自己的思想去进行创作,通常这一步可以借助 AI 寻找灵感与参考。

(4)进行实际创作。在此过程中,设计师可利用好生成式 AI 界面。

(5)与开发人员对接。在实际开发过程中,遇到需要调整的部分应及时进行修改。

(6)验收与跟进。项目上线后持续跟进上线情况。

11.2　色彩、字体、布局与设计风格

在 UI 设计中,色彩、字体、布局与设计风格的选择至关重要,其背后蕴含着对品牌一致性与识别性、用户体验、文化敏感性、趋势洞察与创新实践、技术制约与跨平台兼容的综合考量。以下是对一些关键决策因素的深入剖析。

1. 品牌一致性与识别性

色彩与字体的选择应紧密贴合品牌形象与价值观,形成视觉上的品牌印象,使用户在第一时间便能识别并关联到品牌。选取能够生动传达品牌特质与气质的色彩搭配与字体样式,使之成为品牌视觉语言的有力载体。

2. 用户体验

色彩:助力导航与识别,应有助于引导用户聚焦重要信息,区分不同功能区域,同时避免过于刺眼或杂乱,以免干扰用户注意力。确保色彩对比度满足无障碍设计标准,便于色觉障碍者清晰辨识内容。

字体:注重屏幕阅读友好性,选择清晰易读、适应各种设备与分辨率的字体,字号、行距应适中,确保各类用户(包括老年人及视力障碍者)能舒适阅读。

布局:崇尚简洁直观,遵循用户操作习惯,减少认知负担,结构应清晰,信息层次应分明,确保用户能快速理解并高效操作界面。

3. 文化敏感性

应深入了解目标市场文化背景,文化差异可能会影响人们对色彩与形式的情感认知,选择与目标用户文化偏好相符的色彩搭配与字体风格,以增强界面的亲和力与接受度。

4. 趋势洞察与创新实践

紧跟设计潮流,汲取最新理念,但始终坚守品牌长期一致性,避免盲目跟风导致视觉风格频繁波动。在布局设计上勇于创新,提供独特且高效的用户体验,同时确保功能直观,不牺牲实用性。

5. 技术制约与跨平台兼容

充分考虑技术实现限制,确保设计方案在多种设备与操作系统中均能保持一致的视觉表现与功能完整性。

四大主流设计风格如下表所示。

设计风格	特点	视觉元素	适用场景
扁平化设计	简约清晰	鲜明的色彩、简练的图形、直观的图标	追求高效与易用性的现代应用
拟物化设计	立体细腻	模拟现实物体的质感、光影、材质	强调操作直观、新手友好或需要仿真的环境

续表

设计风格	特点	视觉元素	适用场景
极简化设计	少即是多	纯净的线条、有限的色彩、大量留白	涉及专业领域、科技感强的产品
卡通化设计	趣味亲和	夸张的形象、明亮的色彩	儿童教育软件、游戏、传递欢乐与活力的场景

    在确定设计风格时，设计师应基于相关需求深入分析目标用户特征、产品功能特性和品牌核心价值，力求所选风格既能美化界面，又能精准契合用户期待，打造与品牌、功能相得益彰的作品。

实际工作中的 UI 设计

12.1　认识 Figma 与自动布局

12.1.1　Figma 简介

Figma 是一款云原生的界面设计工具，其以实时协作、跨平台兼容出名，是目前 UI/UX 设计师常用的矢量设计软件。

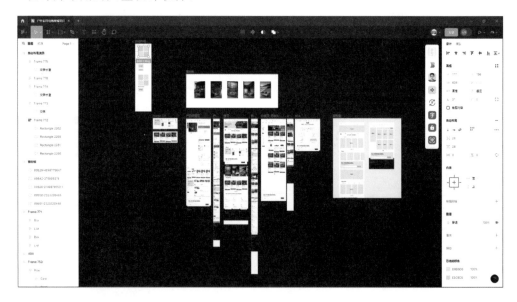

界面布局介绍如下。

（1）顶部导航栏：展示当前打开的所有文档，可快速切换，左上角的房子图标为 Home 键，点击可返回主页。

（2）左侧边栏：包含文件树状结构，类似 Photoshop 中图层画板的概念，它展示项目中页面、画板、组件等的层次结构，便于组织和导航设计资源。

（3）中间工作区：主要设计区域，用于创建和编辑图形、文本、图像等元素。

（4）右侧边栏：可显示图层列表、样式面板、检查器等，用于管理设计元素的属性、样式和交互。

基本操作介绍如下。

（1）创建元素：可使用顶部左侧工具栏中的形状工具、文本工具、矢量工具等创建设计元素。

（2）选择与编辑：通过鼠标点击或框选来选择元素，然后在检查器中或直接在元素上修改属性（如颜色、字体、大小等）。

（3）排列与对齐：可使用顶部右侧工具栏中的对齐和分布工具来进行元素间的精确布局。

（4）组与锁定：在左侧边栏可将相关元素组成群组，锁定元素或组可防止误操作。

（5）导入与导出：Figma 支持导入多种格式的矢量图形和位图，直接拖拽图即可将其导入 Figma，Figma 支持将文件导出为 PNG、SVG、PDF 等格式。

12.1.2　Figma 自动布局

自动布局是 Figma 中的一项高级功能，旨在简化复杂界面设计，特别适用于需要响应式布局和动态调整的设计场景，在实际设计工作中，常常会使用到该功能。以下是该功能的关键特性及使用方法。

（1）启用自动布局。

使用矩形工具（快捷键为 R）创建四个矩形，将其排列为田字形，全部选中并在右侧检查器中找到“自动布局（Auto Layout）”选项，点击“＋”启用它，可以发现矩形会自动排列整齐。Figma 会根据元素的排列方式及个数自动选择布局方向，当然，我们也可以自己选择布局方向。

自动布局有三种方式。

如果是将文字与一个矩形叠在一起创建自动布局,则 Figma 会智能地将其变为一个会随着文本长度变化自动变化的"按钮"。

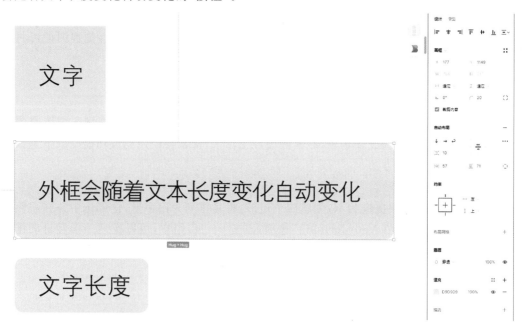

（2）布局属性设置。

间距模式:设定元素间堆叠(Stacking)或等距(Even Spacing)分布。

固定宽度(Fixed):元素保持指定宽度不变。

适应(Hug):元素宽度随内容变化而变化。

填充容器(Fill Container):元素填满剩余空间。

（3）约束与尺寸调整。

约束:为元素设定相对于画框边缘或相邻元素的固定距离、百分比距离或相对距离,确保在进行画框大小调整与布局调整时元素保持正确的相对位置。

尺寸调整:设置元素的最大和最小尺寸限制,确保在不同屏幕尺寸中或内容变化时布局仍合理。

Figma 一次只能支持设置一个方向的自动布局,若需要构建双向(垂直和水平)布局组件,需再嵌套另一个方向的自动布局。

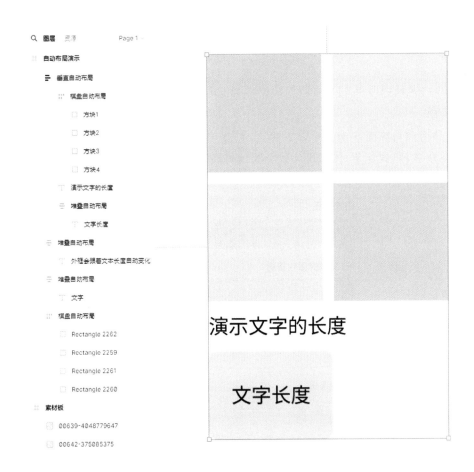

（4）使用技巧。

绝对定位：对于某些需要脱离自动布局控制的元素，可以将其从自动布局中释放出来，进行自由定位。

批量复制与调整：在内容自适应模式下，按 Ctrl＋D（Windows/Linux）或 Cmd＋D（macOS）可快速复制并自动调整元素，大大提高工作效率。

利用自动布局的强大功能，可以创建高度自适应的组件，如按钮、卡片、列表项等，这些组件能够根据内容的变化自动调整自身大小和布局，极大地提高了设计系统的灵活性和复用性。

12.2　基础组件标准

在实际的设计工作中，设计是存在规范的，设计需要一致的设计语言。

1. 图标(ICON)

图标在 UI 设计中起到了至关重要的视觉提示作用，其可传达信息，并增强了界面的美观性。在前面的章节提到过，图标需要具有规范性，在实际的设计项目中设计图标时，务必需要注意以下几点。

（1）确保同一项目内的图标风格保持一致，以便为用户提供连贯的视觉体验。

（2）在同一模块内，应统一使用线性图标或面性图标，避免混合使用，以免造成视觉上的混乱。

（3）同一项目内的 ICON 根据各种不同的分类，必须统一大小、圆角属性、线条粗细。

2. 按钮

按钮是用户与界面互动的主要方式之一，其引导用户进行操作和跳转。按钮与图标一样，分类众多、样式复杂，按钮可大致分为线性按钮和面性按钮等，线性按钮通常为面性按钮辅助。

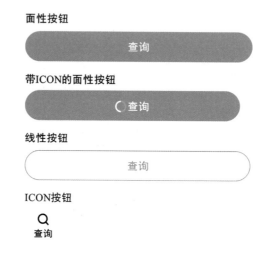

设计按钮时应考虑状态一致性：同一项目内的按钮在不同状态（如默认、悬停、点击、禁用）下的样式应保持一致。

文本按钮：一般用在列表中，常见的样式是加颜色或下划线的链接文本。

图标按钮：相比于一般按钮，其节省了很大的空间，可以与其他图标按钮一起排列，但是语义不明确的时候，容易造成用户理解偏差。

3. 导航

导航的设计是提升用户体验的关键部分，它不仅应帮助用户快速定位并切换到他们想要的内容或页面，还应确保流畅的流程和高效的信息架构。设计导航时，应注意以下几点。

（1）应让用户一目了然，图标和符号应清晰表达其功能和目的，避免使用户混淆。

（2）应考虑到不同用户的需求，包括那些使用辅助技术的用户，应确保导航元素的大小、颜色和文字描述符合无障碍设计标准。

（3）在不同设备和屏幕上保持功能性和一致性，在移动设备上，应考虑触摸目标的大小和位置，确保用户能够准确点击。

4. 菜单

菜单是用户与应用或网站交互的核心界面元素，它组织和展示了结构。设计菜单时，应考虑以下几点。

（1）菜单应方便用户理解和导航。应避免过多的子菜单层级，以减轻用户的记忆负担。

（2）菜单项应提供反馈，如高亮显示当前选项。应考虑到用户可能的误操作，提供容错处理。

（3）在不同的屏幕尺寸和分辨率下，菜单应保持清晰和易用。

5. 输入框

输入框是用户与应用或网站进行信息交换的重要接口。设计输入框时，应注意以下几点。

（1）输入框应明显可识别，使用户能够轻松找到并输入信息。应使用标准的形状和尺寸，以便用户一看即知。

（2）提供清晰的占位符或标签，指导用户输入正确的信息。提示信息应简洁明了，避免给用户造成困惑。

（3）设计有效的错误提示和验证机制，帮助用户纠正输入错误。应在用户完成输入后立即提供反馈，而不是在整个表单提交后才显示错误。

12.3　练一练：设计卡片

使用自动布局完成下图所示卡片的设计。

第13章
UI 设计的实际操作应用

13.1 SMART 原则及实际中的设计要求

SMART 是一种工作原则，而不是设计原则，其定义如下表所示。

字母	定义	示例
S（Specific）	目标需要是具体的	提升网站用户体验；优化导航菜单逻辑，使用户可在 3 次点击内到达任何子页面
M（Measurable）	目标需要是可衡量的	将界面设计满意度量化为 NPS（净推荐值）得分，目标得分为 40 分；针对特定交互流程（如注册/登录），将中途用户直接跳出的概率降低至 70% 以下
A（Attainable）	目标需要是可实现的	根据当前设计团队能力和技术栈，设定在两个月内完成新设计系统的开发与全站应用，同时进行多轮用户测试以确保设计质量
R（Relevant）	目标需要是相关的	设计目标与公司产品定位和用户需求紧密关联，如针对年轻用户群体优化移动端界面，提升品牌形象与用户黏性
T（Time-bound）	目标需要是有时限的	在下一个季度内完成新版本 APP 的设计迭代，包括启动页改版、核心功能模块优化及整体视觉风格升级，确保在重要营销活动前上线

13.2 Web 端响应式 UI 设计案例

首先进行需求沟通，如收到简易需求如下表所示。

需求	具体内容	备注
品牌元素	界面设计需要符合品牌气质与标准，且应美观	包括且不限于在配色、字体、图片等方面保持品牌一致性
功能布局	设计3个界面，分别是首页、产品分类页与产品详情页；设计各个功能的具体状态，如有数据状态、无数据状态、出错缺省状态等。注意产品图片的展示和信息的呈现	具体可参考现有的平台电商业务
响应式设计	确保界面在不同设备上的兼容性和适应性。该项目采用响应式设计，应至少适配PC及移动设备	方便开发人员适配
安全性	遵守相关法律法规，注意数据保护和隐私政策要求	与公司法务部配合实现
交付格式	线上协作平台设计稿件链接	注意提供各个倍图
截止日期	需求发布的20个工作日内	包括初稿和最终稿的提交

根据SMART原则，这份简易需求存在着目标不够具体、设计目标不一定能实现等问题，为了使需求能顺利实现，我们将工作流程拆解为七步。

（1）第一步，沟通并搭建具体的设计需求。

设计师在开始设计之前，必须先做好调研工作，需要仔细阅读需求，并与产品经理、开发人员沟通，了解目标、功能、场景、用户群体等，明确设计任务和范围，从而制定出合适的设计方向和策略，同时将通过沟通所获得的关键信息整理好。

①若设计需求里已附带低保真原型图，则设计师可以直接在此基础上进行视觉设计和交互细节的深化。

低保真原型图直观展示了页面布局、基本元素位置、功能区划分等核心信息，有助于设计师快速理解产品需求和交互逻辑，减少了设计师与产品经理、开发人员之间关于需求理解的反复沟通。

有了具体的原型作为参照，产品团队、利益相关者及用户在审阅设计稿时，可以更精准地针对已有原型进行反馈和提出建议，使得设计迭代过程更为高效，焦点集中于视觉风格、细节优化和交互微调上。

设计师无须从零开始构思界面布局和交互架构，可以直接进入视觉设计阶段，节省了在前期进行草图绘制和初步布局设计的时间，设计周期可能因此缩短。

②若设计需求里未附带低保真原型图，则设计师需要从文字描述、口头讨论、功能列表等抽象信息出发，自行梳理产品需求，可能需要进行多次沟通以确保对需求的准确理解。这可能涉及绘制草图、制作简易流程图来辅助理解和沟通。

在开始进行视觉设计之前，需要自行创建低保真原型，以确定页面布局、元素分布、交互逻辑等基本框架，这可能涉及线框图、流程图或简单的交互模型，用于内部讨论和初步验证。

在没有初始原型的情况下，早期的设计反馈可能涵盖从基本布局到详细交互的广泛范围，导致反馈周期较长，可能需要多次迭代原型才能进入视觉设计阶段。

单次项目的工作流程时间会变得更长，设计师的工作流程增加了原型设计阶段，需要投入更多时间在需求梳理、草图绘制、原型制作和初步验证上。整体设计周期可能因此延长,但设计师在设计过程中会对产品有更深入的理解。

对于附带低保真原型图的 UI 设计流程,设计师可以直接基于已有原型进行视觉设计和交互细节的深化,工作更直接、高效,且沟通与反馈更为聚焦。而未附带低保真原型图时,设计师需要从需求梳理开始,自行创建原型并进行验证,工作流程更长且涉及更广泛的反馈循环。两种情况各有特点,前者更侧重于在既有框架下的精细化设计,后者则给予设计师更多自主权和对产品全方位把控的机会。

本案例未附带低保真原型图,故我们不仅需要自己整理设计需求,还需要整理交互逻辑的基本框架,创建简单的线框图或者表格。

需求	具体内容	备注
网站框架搭建	搭建出简易的网站功能框架	
网站品类与用户类型确认	户外家具销售商城网站,主要面向 36～70 岁的用户,年龄层偏大,多涉及家庭消费,夏季为销售旺季	注意品牌一致性
界面设计	设计 4 个界面,分别是首页、产品分类页、产品详情页、404 界面	注意遵守相关法律法规,并注意品牌一致性
插画设计	设计 4 个缺省状态插画	注意品牌一致性
响应式设计	确保界面在不同设备上的兼容性和适应性。该项目采用响应式设计,应至少适配 PC 及移动设备	方便开发人员适配
交付格式	线上协作平台设计稿件链接	注意提供各个倍图
截止日期	3 个工作日内设计出框架,进入评审修改环节,初稿在 10 个工作日后的 14:00 进行评审,若评审不通过,则在评审结束 5 个工作日后的 14:00 进行再审	若再审时仍有问题,则当场敲定细节,并修改出最终稿

(2) 第二步,获取设计灵感,搭建基础网站框架,搭建情绪板。

本次需求明确为为户外家具销售商城设计网站界面,整体结构为购物商城,我们可以参考同类产品、竞品来获取相关设计信息,此时我们可以借助 AI 模型,譬如国外的 ChatGPT,国内的通义千问、文心一言等来收集相关数据。可直接对其提问,如:"我需要户外家具销售商城网站项目的 UI 设计稿,你可以帮我寻找合适的同类型网站的设计图进行参考吗?"

在收集了多个同类产品、竞品的信息后,设计师对信息进行分析比对,整理后即可得到大概的网站框架及风格(情绪板)。

首页框架示意表格如下。

部位	模块名称	功能与描述
头部（Header）	logo	展示品牌标识，点击返回首页
	主导航	包含商品分类、重要页面链接，便于快速跳转
	搜索框	输入关键词可搜索商品，附带高级筛选选项
	登录或注册	用户身份认证入口
	购物车图标	显示已添加商品数量，点击可查看购物车详情
	浮动客户服务	在线客服
身体（Body）	动态大图广告	展示促销活动、新品、热销商品或品牌故事，配标题与 CTA 按钮
	热门商品	展示销量领先的商品，增强用户购买信心
	新品上市	展示最近上架的新品，吸引追求新鲜感的用户
	特别推荐	根据季节、节日、营销策略展示重点推广的商品
	优惠促销	展示打折、满减、买赠等促销活动
	主要商品类别筛选	通过图标、文字、网格形式进行展示，点击进入分类页面
	客户评价/社交媒体证明	显示评价、评级、评分统计数据，或嵌入社交媒体晒单、好评截图，增加信任感
	订阅	用户输入邮箱订阅新闻简报、促销通知等
底部（Footer）	品牌故事/关于我们	介绍品牌历史、理念、优势，增强品牌认同感
	版权信息	公司名称及版权声明、隐私政策等法律声明
	二级导航	重复或细化头部导航链接，提供辅助信息和实用链接（如退换货政策、配送信息、支付方式等）
其他	页脚滑动条	随页面滚动，包含快速访问购物车入口、客服入口、社交链接等

（3）第三步，确定项目界面设计风格，临时搭建视觉标准。

确保整个产品的界面元素（如按钮、文本、图标、颜色、布局等）具有一致的外观和行为，有助于用户建立稳定的心理模型，快速理解界面并预测其交互行为，统一的视觉体验也会给予用户信任感从而提升用户体验。

设计师建立的视觉标准可以采用文档形式展现，无须用画面表现，以提高工作效率。临时视觉标准可以参照下表进行建立。

项目	建议范围/值	备注
按钮高度	32~48 px（移动端），40~64 px（桌面端）	按钮高度应确保其易点击性，且与整体界面比例协调

续表

项目	建议范围/值	备注
按钮内文字字号	12～16 px(移动端),16～20 px(桌面端)	字号应保证按钮内文字清晰可读,同时与按钮高度保持良好比例
按钮内文字字重	Regular 或 Medium	通常选择常规或中等字重以保证易读性,重要操作或强调状态可使用 Bold 字重
主文本字号	14～16 px(移动端),16～20 px(桌面端)	主要内容文本字号应确保文字在不同屏幕尺寸下清晰可读
辅助文本字号	12～14 px(移动端),14～16 px(桌面端)	辅助信息或次要文本字号略小于主文本字号,形成层级差异
标题字号	H_1 为 24～32 px,H_2 为 20～28 px,H_3 为 18～24 px	标题字号根据层级递减,确保信息层次分明
行间距	文本行间距为 1.4～1.6 px,标题行间距为 1 px	行间距应保证阅读舒适度,文本行间距通常大于 1 px,标题行间距通常为 1 px
元素间距	8～16 px(小间距,如图标与文字之间),或 16～24 px(中等间距,如列表项之间),或 24～48 px(大间距,如主要区块之间)	元素间距应根据内容关系和视觉层次设定,保持界面清晰、透气
网格系统	建议以 8 的倍数为基准建立网格系统	使用基准网格系统有助于保持界面布局的一致性和规范性

PC 端通常用 1440 px 宽度进行设计,而移动端则用 390 px 宽度进行设计,主要原因如下。

PC 端使用 1440 px 宽度进行设计可兼顾不同的分辨率,设计时选择 1440 px 作为基准,可以兼顾较广泛的屏幕尺寸范围。设计师可以通过创建响应式设计来确保界面在不同分辨率下都能合理缩放和布局,而 1440 px 作为中间值能较好地兼顾中高分辨率屏幕的体验。

移动端使用 390 px 宽度进行设计可适配 iPhone 16 Pro Max 的 1 倍图尺寸:使用 1

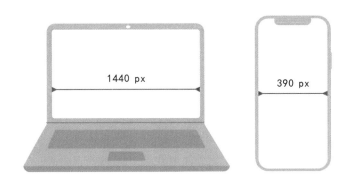

倍图设计时，设计师无须为不同的倍率（如 2 倍图、3 倍图等）制作多套设计稿或调整设计元素的尺寸，只需一套设计稿即可满足多种设备的需求，减少了重复劳动，提高了工作效率。尤其是在使用支持矢量图形的设计工具时，可以轻松缩放设计元素而不使其失真，这进一步增强了设计的灵活性和可维护性。此外，开发人员在编写前端代码时，通常以 1 倍图（即 1：1 像素比）作为基准单位。这意味着设计稿上的 1 个像素对应编程环境中的 1 个 CSS 像素。设计师使用 1 倍图进行设计，标注的尺寸、间距等可以直接被开发人员采用，无须额外换算，这大大简化了设计师与开发人员之间的沟通，减少了理解误差和潜在的问题。

（4）第四步，根据框架表格及参考竞品搭建低保真原型图。

在搭建低保真原型图的时候，需要注意用户的视线倾向于沿着类似英文字母"Z"或"F"的路径快速扫描页面内容。我们在布局关键信息和引导用户注意力时，可以参考 Z 字形路径来安排内容的位置。确保重要的标题、按钮或行动召唤位于视觉焦点区域或是视线必经之处。我们可在这一步将框架整理输入 AI 生成界面，生成参考图，再进行低保真原型图搭建。

为何不直接使用 AI 生成低保真原型图呢？ 在当前，尽管人工智能发展迅猛，但在设计低保真原型图这一领域，它尚未具备完全取代用户体验设计师或产品经理的能力。主要原因在于，低保真原型图与业务需求之间存在着深度耦合关系，而这正是当前 AI 生成式用户界面技术尚无法充分应对的关键所在。

首先，低保真原型图旨在快速且直观地传达产品的核心功能布局和交互逻辑，它是对产品早期构想的粗略勾勒，直接服务于产品规划、决策讨论等重要环节。进行这样的原型设计需要对业务目标有深入理解，对用户需求有敏锐洞察，并能够预见潜在的设计挑战和解决方案。这些复杂而微妙的思考过程，往往涉及对市场趋势的把握、对行业特性的熟知、对用户行为模式的分析及创新思维的运用，这些都是 AI 目前难以模拟和自动化实现的高级认知活动。

其次，低保真原型设计的核心价值在于其灵活性与迭代性，它允许设计团队在项目初期快速试错、调整方向，以适应不断变化的业务需求和用户反馈。在这一过程中，设计师与产品经理需要紧密协作，通过多轮讨论、评审和修订，将抽象的业务需求逐步转化为具体的设计语言。他们不仅要考虑单个界面元素的摆放和样式，更要关注元素之间的关联性、操作流程的连贯性及信息架构的整体合理性。这种细致入微的设计考量和动态调整，远远超出了当前 AI 技术基于模板匹配和规则驱动的组件堆砌能力。

再者,低保真原型图中的许多细节设计往往是开发人员在技术实现层面上深入探讨和协商的结果。例如,特定交互效果的可行性评估、不同平台或设备的兼容性问题、性能优化的需求等因素,都需要开发人员的专业知识和实践经验来参与决策。这些技术层面的细节处理,往往涉及复杂的权衡和折中,需要靠人类的智慧来判断和抉择,而非简单依据预设规则进行机械化拼接。

虽然 AI 在图形生成、元素布局等方面展现出一定的辅助作用,但鉴于低保真原型设计与业务需求的高度耦合性,以及设计过程中对深层次业务理解、创新思维、灵活迭代及技术细节处理的高强度依赖,AI 目前仍无法替代设计师或产品经理。人与机器在这一领域的最佳协作模式,应当是利用 AI 提高设计效率,减轻重复劳动,推动产品设计向着更符合用户需求、更具竞争力的方向发展。

使用 Figma 搭建低保真原型图的具体过程如下。

在 Figma 新建一个草稿,并在草稿内建立 1440 px 宽度、2400 px 高度的画框(快捷键为 F)。

在右边的布局网格选项中点击"+"新建布局网格,参数如下图所示。

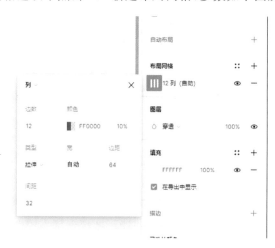

搭建首页框架中头部的 logo、搜索框、登录或注册、购物车图标，注意此处我们仅需要使用文字进行快速搭建即可，不需要绘制 ICON。此处我们用到的是文字工具（快捷键为 T）及矩形工具（快捷键为 R），整体的高度为 76 px，宽度为 1440 px，如下图所示。

在搭建 Navbar 的时候，可以练习使用自动布局功能。头部布局对应的图层关系如下图所示。

Ⅲ▮　Navbar

　　Ⅲ▮　Row

　　　　T　Fengen (logo)

　　Ⅲ▮　Search Bar

　　　　Ⅲ▮　Search

　　　　　　T　Search

　　　　　　T　Search

　　Ⅲ▮　Row

　　　　T　登录或注册

　　　　|　Line 1

　　　　T　购物车

　　然后搭建首页框架中头部的主导航。这里我们先使用矩形工具绘制一个边长为 6 px 的正方形，在它的属性中设置圆角半径为 1 px，删除填充属性，设置描边属性为居中描边，宽度为 1 px，颜色为♯000000。

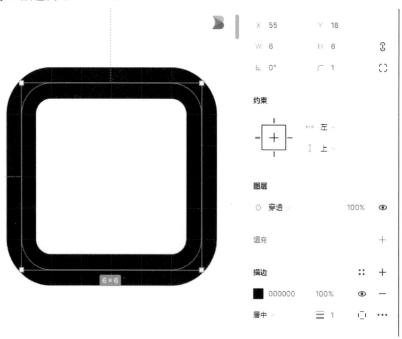

　　选中矩形，点击头部菜单选项进入编辑对象模式，切换之后选择矩形右上角的点并删除，并在描边属性选项中的结束点选项中选择 Round。

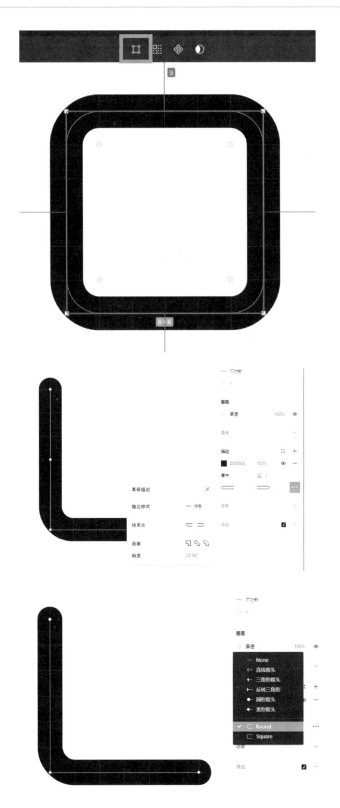

最后重新选中矩形,将它的角度属性改为 45°,即可获得一个向下的箭头。

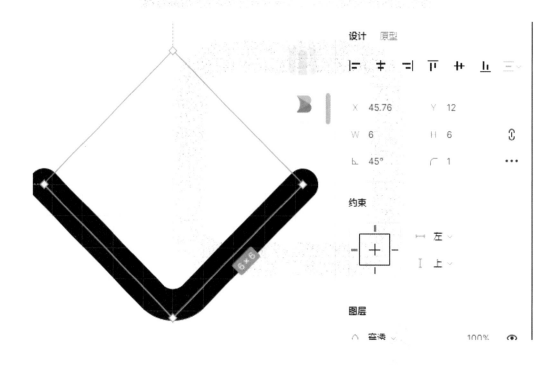

使用刚刚设计好的箭头图标,将需求表格内的主导航(宽度为 1440 px,高度为 56 px)设计出来,并放置在头部。

最后根据以上的操作方式一步步搭建出首页的低保真原型图并如法炮制其他页面原型图的组件。注意在设计的时候,组件与组件之间的间隔尽量为 8 的倍数(例如图内的广告 banner 组件与下方增强用户信心组件的间距为 24 px)。

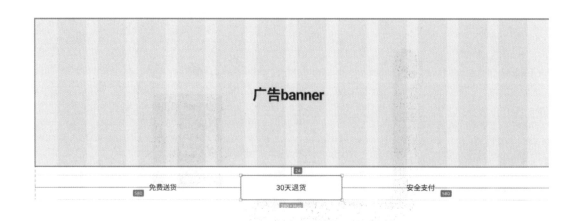

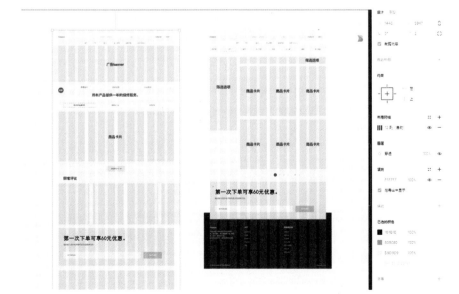

（5）第五步，开始设计业务组件。

设计出低保真原型图后，需要与需求发布人员再次确认各个业务组件内部更详细的需求，再结合自己对业务的理解进行组件的设计。界面是由业务组件组合而成的，不同的业务组件可以组合构成不同的界面。

例如商品卡片的详细设计需求表格如下所示。

项目	设计需求
主图展示	居于卡片顶部；图片应具有高分辨率，保证在不同设备上的视觉效果一致；可支持鼠标悬停放大或点击查看详情的交互功能
布料颜色选择展示	以排列整齐的圆形图标形式展示可选布料颜色；鼠标点击圆形图标时，主图应实时切换为对应颜色的商品图片
商品主标题	描述商品名称，所有文字均不省略，全部展示；加粗文字、加大字号，使用品牌专属字体
商品副标题	补充说明商品特性、材质、规格等详细信息，字号略小于主标题；可根据内容长度采用单行或多行显示，所有文字均不省略；使用浅色，与主标题形成对比，突出主标题的重要性
商品标签	展示商品的关键属性、促销活动、热销标签等信息；标签采用小尺寸矩形或圆形设计，配以文字说明；标签颜色使用辅助色
商品顾客评分	以星星图标（或其他公认评分符号）展示，采用5星制；显示平均评分数值及评分人数
商品当前价格	采用较大字号、加粗文字突出显示，强调购买价值；在价格前标注货币符号
商品划线价格	位于当前价格右侧，以细线划去的形式展示原价或参考价；划线价格字号应较小，颜色应较淡，与当前价格形成对比
折扣优惠	明确展示折扣比例或节省金额，如"8折""立省5元"等
添加到购物车按钮	设计醒目，采用品牌主题色；按钮尺寸适中，易于点击

在获取详细的需求之后，便可以开始设计业务组件商品卡片。

依据商品卡片详细设计需求表格，遵循以下步骤，利用自动布局功能在 Figma 画布上实现整齐且灵活的卡片排列。

首先启动自动布局容器,在画布空白处,使用画框创建一个 1440 px 宽度的新画框作为容纳商品卡片组件的容器。在画框内使用自动布局功能(在右侧属性面板中找到"自动布局(Auto Layout)"选项并勾选)依次创建主图展示、布料颜色选择展示、商品主标题、商品副标题、商品标签、商品顾客评分、商品当前价格、商品划线价格、折扣优惠及添加到购物车按钮卡片,设置为垂直布局,可以实现一列垂直排列的卡片。

随后对每个元素进行必要的样式调整,针对表格中涉及的复杂布局需求(如分组、网格等),可在商品卡片内部创建额外的自动布局层进行嵌套。例如,为商品图片和标题创建一个单独的自动布局组,设定合适的分布规则,并根据需求表格设置其在自动布局中的对齐方式(顶部、居中、底部等)、间距、填充等属性,以保持一致性和响应性。

如图所示,选中蓝色部分,再次生成自动布局,将自动布局改为水平布局,调整间距即可得到最右侧图示组件。

最后复制已设计好的商品卡片组件,生成自动布局,调整好间距并粘贴同一个商品卡片组件到同一自动布局容器内。Figma 会自动根据容器的水平布局调整卡片间距。

针对每张卡片的具体内容进行个性化编辑,如替换图片、修改文字等。由于使用了自动布局,这些改动不会影响卡片的整体布局结构。

下图所示的为使用 Figma 自动布局功能搭建而成的商品卡片组件,注意组件不要超过布局网格区域。

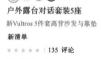

（6）第六步，组合组件，组成界面。

我们需要重复第五步的工作，将每一个业务需求设计成组件，并将组件置入。

如下图所示，如法炮制其他组件，并将其置入设计稿，注意设计的组件要符合自己临时搭建的视觉标准。

最终可以得到设计需求中所要求的 PC 端设计稿，如下图所示。

（7）第七步，适配移动端界面。

首先要在 Figma 上创建一个宽度为 390 px 的画框，因为我们在第五步已经设计完所有的组件，我们要做的便是将这些组件根据临时搭建的设计规范去适配移动端。注意，由于手持设备与 PC 不同，我们需要注意针对移动端选用合理的屏幕分区。

由于我们的组件是使用 Figma 的自动布局功能来设计的，所以我们仅需要将间距、图片比例、卡片宽度调节至适合手持设备使用的样式即可。

在适配移动端时需要注意信息的展示是否合理且适合于手持阅读。例如下图内界面以瀑布流形式展示商品顾客评分的卡片的优势是界面空间利用率高，但是前端开发人员在进行开发时，无法获取这种瀑布流中卡片的高度，并且回复按钮后面的数字一旦过大，文字将会超出卡片范围。

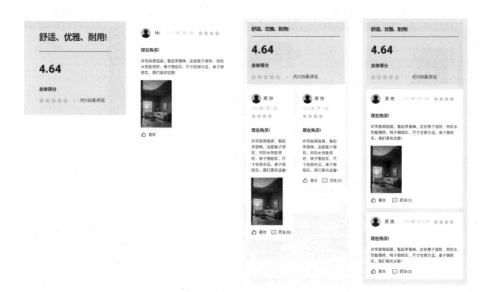

移动端设计稿如下图所示。

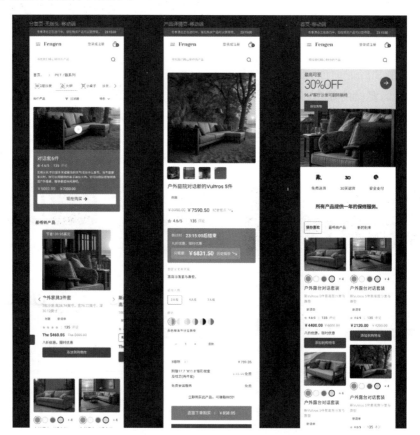

13.3 移动端 UI 设计的原则和案例

下表所示的是移动端 APP 设计与 Web 响应式设计的对比。

比较项	移动端 APP 设计	Web 响应式设计(适配移动端)
平台特性	专为移动操作系统(iOS/Android)构建,原生应用	适用于多种浏览器环境,跨平台兼容
安装方式	通过应用商店下载安装	直接在移动浏览器中访问
用户体验	流畅、交互丰富、功能全面,可调用系统功能(如相机、推送通知等)	功能受限于浏览器能力,交互相对简单,性能取决于网络状况
离线访问	支持离线使用,部分数据可本地存储	通常需要网络,离线体验有限
更新机制	用户须下载最新版本(可能涉及审核流程)	无须用户操作,服务器端更新即时生效
开发技术	使用原生编程语言(Java、Kotlin、Swift、Objective-C)或跨平台框架(React Native、Flutter 等)	使用 HTML、CSS、JavaScript,配合框架(Vue、React 等)
界面定制	完全定制化,遵循平台设计规范,可深度优化性能与交互	在统一的网页设计基础上调整布局与交互,受限于浏览器和 CSS 支持,并且为了实现响应式设计,将会牺牲一部分移动端的体验
交互手势	充分利用触屏手势(滑动、捏合、长按等)	支持基本触屏手势,复杂手势可能受限
性能表现	性能通常优于网页应用,资源加载快,渲染高效	性能受网络状况、浏览器性能影响,可能有加载延迟
维护成本	需要维护多个平台版本,更新需要同步至各平台	维护单一代码库,更新同步至所有设备和浏览器
适配范围	针对特定移动设备及操作系统进行版本优化	需要考虑多种屏幕尺寸、分辨率、浏览器类型

本次实际设计项目是一款专门为移动手持设备打造的游学研学 APP,以下是设计项目提供的需求表格。

界面名称	功能模块/元素	描述
打卡地图	地图及其搜索框	展示实时地图,包含地标(如广州塔)及用户当前位置
	用户位置	标注用户当前所在位置
	附近打卡点	显示用户周围可打卡的地点
	定位信息	显示用户位置的详细信息
	用户信息	展示用户的基本资料或头像
	通知按钮	提供访问通知中心的入口
	我的圈子按钮	链接到"圈子"界面或相关功能
	打卡活动列表	上滑显示用户参与的打卡活动详情
	打卡推荐地点	下滑展示系统推荐的其他打卡地点
	Tab 栏	包括"打卡地图""我的研学""个人中心"选项
我的研学	顶部图标之我的圈子	快速访问用户所属或所关注的圈子
	顶部图标之研学分享	查看或发布与研学相关的分享内容
	顶部图标之研学视频	观看或上传研学主题的视频资源
	顶部图标之调查问卷	参与或发起与研学相关的问卷调查
	分类栏	包括历史、文化、科学、艺术、体育等分类
	推荐图书	展示与研学相关的推荐书籍或阅读材料
	研学推荐	使用瀑布流形式展示推荐的研学地点
	研学推荐之标题	每个推荐地点的名称或主题
	研学推荐之地点定位	提供每个推荐地点的地理坐标或地图链接
	研学推荐之距离我们多远	显示推荐地点与用户当前位置的距离
圈子	圈主名称与圈子简介	详细介绍圈主身份、圈子宗旨、目标等内容
	打卡任务与规则	明确圈子内的打卡任务要求、完成规则等信息
	打卡排名	展示圈内成员的打卡进度、完成率及排名情况
	互动与讨论	提供一个平台供圈友发表观点、交流心得
	互动与讨论之发布评论按钮	允许用户发布针对圈子内容或活动的评论
	互动与讨论之打卡任务按钮	允许用户提交已完成的打卡任务
	圈子公告与置顶通知	显示管理员发布的公告及重要信息
	用户发布内容	展示圈友发布的观点、心得等互动内容
	评论与分享功能	允许用户对他人发布的内容进行评论或分享
	文化	展示与圈子文化有关的帖子

在移动端 UI 设计中,无须考虑 PC 或平板电脑用户的体验,因此可以对移动手持设备进行针对性的设计,譬如可设计地图定位模块等。

　　在本次设计中，我们利用文字稿，使用即时 AI，快速生成多种风格和布局的 UI 原型，并从中选择最合适的方案进行修改和优化。

　　即时 AI 界面如下图所示。

　　根据需求表格中的内容进行输入，可以获得类似下图所展示的界面。

　　可以看出,AI 所绘出的界面已经初步满足了我们的业务需求,但是存在以下几个问题。

　　(1) 无统一的设计调性,AI 所设计的界面仅可作为参考。

　　(2) 没有操作热区的概念,没有考虑用户体验。

　　(3) 界面是否能满足业务需求取决于文字描写的准确程度,并且需要多次生成才能出现合适的界面。

　　(4) 生成的 ICON 看上去是直接使用的成品。

　　(5) 无法做出特殊设计,做出的界面比较简单。

　　此外,我们可以对其他的自然语言模型 AI 进行提问来获得优化灵感。

　　下面我们根据 AI 所生成的低保真原型图去进行界面设计,本次设计以 iPhone X 的 iOS 设计标准为例进行设计。

　　先在 Figma 中新建一个项目,项目名称为游学研学 APP,在项目中建立一个高度为 812 px,宽度为 375 px 的画框(适配 iPhone X 的比例),并命名为"打卡地图",随后我们置入 iOS 设计标准中的状态栏(高度为 48 px)与手势条(距离底部 18 px),并新建布局网格。

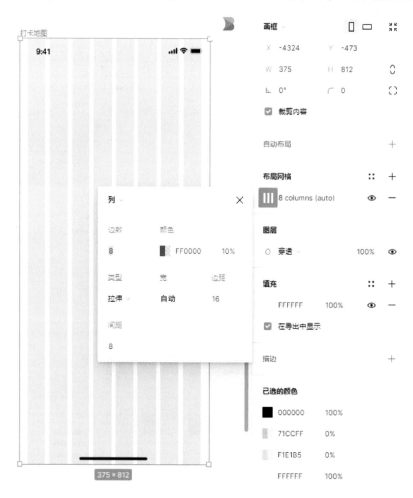

依然按照从上到下的顺序去进行设计，我们以 AI 设计图作为参考，将组件按需求从上到下进行排列，并思考操作是否可行，界面是否适配设备及符合用户需求，需要注意，设计的组件高度数值应尽量为 8 的倍数，如界面设计中较难满足该条件，则尽量使用 4 的倍数，绝不能使用奇数去进行设计。

建议可点击区域的最小高度为 44 px（尤其是针对 iOS 平台进行设计时），这主要是出于对用户体验和触摸目标的可触及性的考虑。

成年人的手指大小和触控精确度存在一定的范围，44 px 的尺寸确保了大多数用户能够轻松地用拇指触碰到并准确地激活界面上的元素，而不会误触相邻的按钮或链接。这个尺寸能够适应多数人的手指触碰面积，减少误操作的可能性。

在完成设计稿的整体框架之后，需要绘制其中的 ICON 来辅助用户识别信息。应先决定 ICON 的统一规范，该规范由设计师依据产品调性来决定。在本次设计中，对于功能型 ICON，标准为 16 px×16 px；对于线性图标，线条粗细为 2 px，颜色为♯333333。

我们以通知的 ICON 为例进行讲解，提到通知，我们会联想到"铃铛"，所以本次我们以铃铛图标作为通知的 ICON。

新建一个 12 px×11 px 的矩形，设置描边线条颜色为♯333333，粗细为 2 px，将矩形的上方圆角半径设置为 10 px，下方不设置圆角。

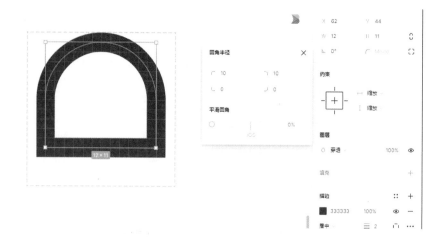

随后使用线条工具绘制两条线条，一条粗细为 16 px，一条粗细为 6 px，遵循一样的标准，为线条两端设置圆头，就可以得到通知的 ICON。

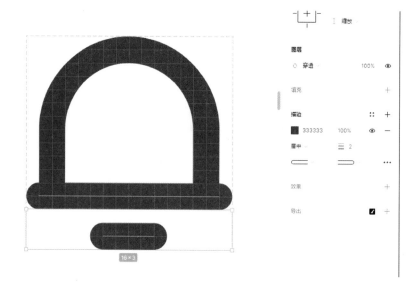

如法炮制剩下的 ICON（位置、搜索、语音、图文），如下图所示。

随后我们开始设计 Tab 栏上的 ICON。Tab 栏 ICON 相对于功能性 ICON 来说，应更具备美观性及更能体现产品调性，在本次设计中，对 Tab 栏 ICON 的设计标准为，尺寸为 20 px×20 px，面性图标的颜色以♯004FFF 为主。并且我们需要设计两套图标，一套对应选中状态，另一套对应非选中状态。

我们以打卡地图 ICON 为例，详细介绍如何绘制 Tab 栏 ICON。

先绘制一个矩形（16 px×22 px），将圆角半径设置为 2 px，填充颜色为♯004FFF，百分比为 50％，并在效果处点击加号，添加背景模糊，点击背景模糊前的小太阳，设置模糊参数为 4。

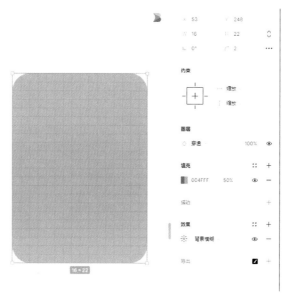

随后新建一个 12 px×12 px 的方块，圆角半径为 2 px，填充颜色为♯004FFF，并将其放置到大方块图层的下一个图层。

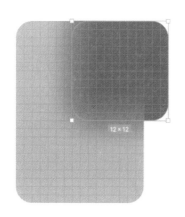

双击大方块,进入编辑对象模式,按 P 键进入钢笔功能,在矩形底边中间位置新增锚点,然后选中该锚点向上位移 4 px。

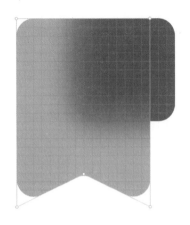

随后我们在图标中间绘制一个 8 px×8 px 的圆形,双击圆形进入编辑对象模式,按住 Ctrl 键选中底部的锚点,将会把原有的角变为尖角,再将它往下位移 2 px。

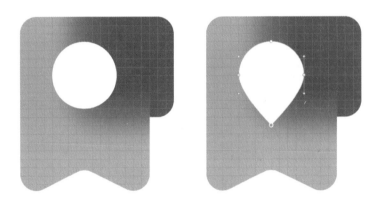

我们只需要再调节左右两边锚点的位置即可得到较为柔和的形状。

　　最后我们在形状的中间绘制一个圆形,并同时选中两个图层,在上方的布尔运算中选择减去顶层所选项即可得到最终的 ICON。

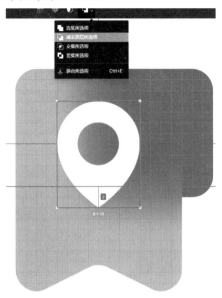

　　我们将所有 ICON 设计出来并置入界面。

　　地标展示方式有很多,可以参照 AI 生成的界面用照片的形式进行呈现,也可以直接向 AI 寻求建议。

地标展示方式	优点	缺点
照片	真实直观,易于识别,可展示细节和环境	占用空间和流量大,可能与地图中其他元素不协调,拍摄条件影响照片识别度
抽象符号	简洁统一,节省空间和流量,易与地图风格保持一致	不够具象,需要用户具备一定的认知背景,简化可能导致失去地标特色
结合方式	兼顾真实性和简洁性,增加地图丰富度和趣味性	对设计和技术标准要求较高,可能会增加用户操作复杂度和认知负担
插画或 3D 建模	富有创意和个性,可定制化,可突出地标特点和美感	设计成本和维护费用高,可能与实际不符或引发争议

　　使用 WebUI 调用 Stable Diffusion 生成的广州塔如下图所示。

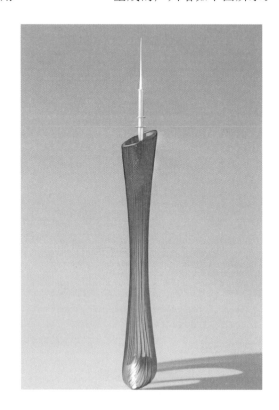

　　将广州塔照片更换为更有设计感的剪影,效果如下图所示。

重复以上步骤，最终将我的研学界面设计出来。

该界面可以满足业务需求，但是缺乏了一些设计插画类的东西，譬如可在推荐图书界面置入一张书本的插画，或在研学推荐中置入与"学习""研究"息息相关的插画。此时我们可以使用 WebUI 调用 Stable Diffusion 进行 AI 绘图。

WebUI 界面如下图所示。

可在输入框内输入如下正向关键词。

mortarboard,isometric art,a light background,a clean background(此关键词用于使生成的图片具有干净的背景,方便抠图),mother of pearl,iridescent,holographic,minimalism,C4D,cinematic lighting,unreal engine,artistic,OC renderer,best quality,UHD,<lora:卡通:1>

随后在下方框中输入如下反向关键词。

lowers,bad anatomy,((bad hands)),(worst quality:2),(low quality:2),(normal quality:2),paintings,sketches,lowres,bad anatomy,bad hands,text,error,missing fingers,

Seed:-1,Steps: 25,Sampler: Euler a,CFG scale: 8

点击运行并经多次生成后,可获得以下图案。

重新输入如下正向关键词。

book, low detail, isometric art, a light background, a clean background, mother of pearl, iridescent, holographic, minimalism, C4D, cinematic lighting, unreal engine,artistic,OC renderer,best quality,UHD,<lora:卡通:1>

随后输入如下反向关键词。

lowers,bad anatomy,((bad hands)),(worst quality:2),(low quality:2),(normal quality:2),paintings,sketches,lowres,bad anatomy,bad hands,text,error,missing fingers,

Seed: -1,Steps: 25,Sampler: Euler a,CFG scale: 8

同样经多次生成后可获得以下图案。

可以看到，生成的图像有些许瑕疵，但是已经满足设计需求。可以使用 Photoshop 等调整图像，去除瑕疵。去除瑕疵后的图片如下图所示。

使用 AI 抠图功能去除这些图案的背景，将它们置入界面中即可。

读者可自行临摹如下界面，以加强设计熟练度。

下面给 APP 设计一个 IP 形象。该 APP 主要适用人群为学生、教师及家长，APP 内容主要涉及研学，APP 主色调为蓝色，因此，IP 形象应能传达出科技感、学术研究氛围、安全感。可以让 AI 帮助我们生成多张图片以供参考。

参考 AI 提供的图片可设计出如下形象。

对左边的角色进行优化上色，并将其置入界面中。

2D吉祥物形象的优势是制作成本低、制作周期短、风格多样，但缺点是表现力有限、立体感不强、动态效果差。3D吉祥物形象的优势是表现力强、立体感强、动态效果好，但缺点是制作成本高、制作周期长、风格统一。

可以看出，2D角色形象缺失表现力，无法表现出科技感与未来感。

为了解决表现力问题，可尝试使用 Stable Diffusion 来解决 IP 形象的设计问题。可直接使用 AI 生成如下图案。

引入插件 ControlNet，使用线条识别功能来固定角色的外形不变。

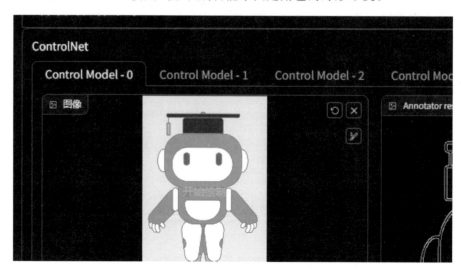

　　输入正向关键词与反向关键词，lora 模型选择 blindbox，运用多种不同采样方式进行尝试，可得到如下形象。

　　最后选择合适的机器人角色，进行瑕疵修复及抠图，将其置入界面中即可。

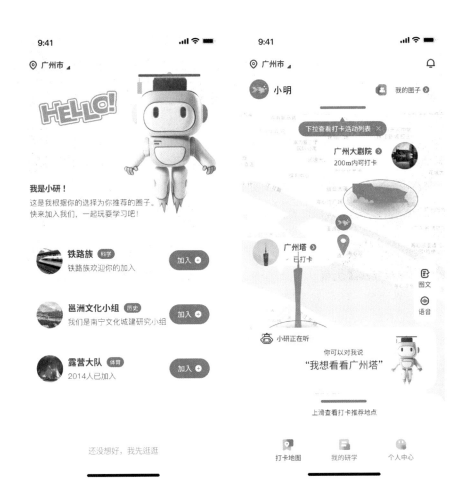

13.4　车载系统 UI 设计的原则

车载系统作为现代汽车智能化的重要标志，其用户界面设计直接影响着驾驶者与车辆的交互效率、行车安全及整体驾驶体验。面对复杂多变的驾驶环境、用户日益增长的个性化需求，车载系统的 UI 设计或该遵循以下原则。

1. 驾驶安全优先原则

（1）减少视觉干扰。

保持界面简洁，避免冗余信息与复杂视觉元素。关键驾驶信息（如车速、导航指示）应清晰、醒目，位置固定且易于快速扫视，遵循"一瞥即知"的原则。

（2）采用合理的色彩与对比度。

确保重要信息有足够的对比度，适应各种光照条件，避免色彩过于鲜艳或闪烁导致视觉疲劳或分心。遵循 WCAG 等可访问性标准，确保色盲用户也能有效识别关键信息。

（3）控制信息呈现时机。

在车辆行驶的过程中，仅显示与驾驶直接相关的数据和提示。非紧急信息应暂时隐藏或以低调方式呈现，避免在急转弯、加速等关键时刻干扰驾驶员。

2. 适应环境与支持多元交互原则

（1）适应环境。

设计应考虑日间、夜间、隧道、阴雨等条件下的光照，采用自适应亮度调节与反光控制，确保界面元素在各种光照下的可视性和舒适度。

（2）支持多元交互。

结合触控、物理按键、语音识别与手势控制等多种交互方式，确保用户在不同驾驶条件下都能快速、安全地操作车载系统。尤其强调语音交互的无缝集成，减少对屏幕的依赖。

3. 清晰的信息层次与布局原则

（1）逻辑清晰的导航结构。

设计直观、界面统一的导航系统，遵循驾驶者的操作习惯，确保用户能快速定位所需功能并顺畅地在不同界面间切换。

（2）合理的屏幕分区。

遵循驾驶者视线移动规律，合理划分主驾驶区、副驾驶区和公共区，确保信息布局符合驾驶者的自然视线移动规律。

（3）信息分层与优先级。

重要信息应突出显示，次要信息应适当弱化。可采用动态显示或折叠展开方式，根据需要显示详细信息。

4. 适应性与可访问性原则

（1）响应式设计。

毫无疑问，车载系统 UI 应具备良好的响应性，自动适应不同车型、屏幕尺寸、分辨率，以及横竖屏切换，确保界面布局和内容的自适应性。

（2）无障碍设计。

遵循 WCAG 等可访问性标准，确保界面对于视力障碍者、色觉障碍者、听力障碍者等特殊用户群体友好，支持辅助功能，如屏幕阅读器、高对比度模式等。

5. 一致性与品牌风格原则

（1）遵循品牌视觉规范。

车载系统 UI 设计应与汽车品牌视觉形象保持一致，使用统一的色彩、字体、图标和图形元素，强化品牌识别度。

（2）保持界面元素与交互一致性。

保持控件样式、操作反馈等界面元素的一致性，降低用户的学习成本，提高操作效率。遵循车载人机交互界面（Human Machine Interface, HMI）设计指南，如 ISO 15005、SAE J2395 等。

6. 遵守法规与遵循行业标准原则

（1）遵守相关法规。

确保车载系统 UI 设计符合各个国家和地区关于车载信息娱乐系统（IVI）的法律法规要求，确保产品的合法合规性。

（2）遵循行业标准。

设计师需要持续密切关注车载 HMI 领域的最新行业标准。

车载系统作为现代汽车智能化的重要标志，其用户界面设计直接影响着驾驶者与车辆的交互效率、行车安全及整体驾驶体验。在科技的驱动下，汽车早演变成为集安全、舒适、娱乐于一体的智能移动空间。在这个转变过程中，车载 HMI 的设计扮演了至关重要的角色。

随着自动驾驶技术的日益成熟，车载 HMI 不仅是驾驶者与车辆沟通的工具，更是车内生态系统的核心。它不仅要确保安全驾驶，还要提供丰富、个性化的乘驾体验。HMI 设计可以说直接关系到智能汽车的市场竞争力。

毫无疑问，车载 HMI 设计是 UI 设计师需要进行了解与学习的。

车载 HMI 设计是技术与艺术的融合，它不仅关乎技术的先进性，更体现了对人的关怀。未来，随着技术的不断演进，HMI 将更加智能、人性化，成为推动智能交通发展的重要驱动力。设计师、工程师和心理学家等多领域专家的跨界合作，将是创造安全、高效、愉悦出行体验的关键。

13.5　设计实例

我们以如今汽车常用的 15.6 英寸屏幕为载体设计其 HMI，通过直观的界面设计和集成化功能，来保证设计符合实际使用要求。

在设计之前，我们先来比较车载 HMI 与其他设备所搭载的 UI 的区别。

特性	车载 HMI	其他设备所搭载的 UI
安全性	首要关注设计应确保不分散驾驶员注意力，将驾驶安全放在最高层	并不首要关注安全性，更关注信息的完整性和功能易用性
环境适应性	必须适应极端光照条件，包括自动亮度调节、自动高对比度显示等功能	一般适应室内光线变化，对户外极端光照条件的适应性要求不高
操作方式	支持多种交互方式，包括触控、物理按键、语音识别与手势控制，适应驾驶环境	主要依赖触控或鼠标与键盘操作，环境限制较少
界面设计	强调简洁性，采用大字体、直观图标，减少操作步骤	可根据内容进行灵活设计，不一定受限于简洁性要求
响应速度与稳定性	高度重视响应速度与稳定性，确保系统稳定性以防干扰驾驶	可能容忍稍高的延迟，稳定但仍允许定期维护更新
兼容性与可扩展性	需要良好的兼容性和可扩展性，以适应技术升级和新增功能	要求相对灵活，主要依据软件或平台的更新周期

续表

特性	车载 HMI	其他设备所搭载的 UI
合法合规	遵守严格的汽车行业安全标准和相关法律法规	应符合通用的软件设计规范和隐私保护法规,但具体要求较宽泛
用户体验特殊性	考虑动态环境影响,如在震动、移动中使用	更多针对静止状态下的用户体验优化,如视觉舒适度、交互流畅性

根据车载 HMI 的设计特点,我们先用文字来表述界面布局与视觉元素等。

(1)主界面布局。

顶部区域:固定显示关键行车信息,如电量/油量、信号强度。

中部区域:轮播或快捷切换主要功能模块,如导航、音乐控制、电话。

底部区域:固定常用控制功能,如空调调节、汽车座椅调节。

(2)色彩与对比度。

日间模式下采用高对比度色彩搭配,如采用黑底白字或白底黑字这种高对比度配色,确保在强日光下也能清晰阅读,辅以品牌色作为点缀色。

夜间模式下采用柔和色调,减少用户视觉疲劳。

(3)图标设计。

图标应简洁、明确,遵循行业标准,为每个图标配备简短文字标签,确保初次使用的用户也能快速理解。

(4)触控反馈。

汽车无法像手持设备那样震动,我们可以令每个可点击元素在被触按时反馈视觉变化(如变色、轻微缩小模拟按下效果)或产生模拟声效,但是不能过于抢眼导致用户在驾驶时分神。应确保触控区域足够大,避免用户误触。

(5)语音控制。

集成高效的语音识别技术,支持连续对话和打断功能。

(6)手势识别(适用时)。

定义简单易记的手势操作,在界面角落或边缘设置手势触发区,减少误操作。

(7)导航设计。

采用 AR 导航技术,提供实时路况,并与方向指示叠加在前视摄像头画面上。

简化输入流程,支持地址书签、历史记录快速选择,及语音输入地址。

(8)音乐与媒体控制。

音乐界面应简洁,支持快速切换播放源(本地、蓝牙、在线音乐服务)。

提供大按钮控制播放/暂停、上一首/下一首,以及提供音量滑块。

(9)通知管理。

非紧急通知(如短信、社交媒体提醒)应以非侵入式方式呈现,如小图标闪烁。

紧急通知(如车辆故障警告)采用醒目的弹窗方式呈现并伴有声音警告。

(10)驾驶模式选择。

提供驾驶模式如省时、经济、自动选择功能,界面根据模式调整显示内容。

（11）疲劳驾驶预警。

通过面部识别或驾驶行为分析，监测驾驶员疲劳状态，并适时发出休息提醒。

（12）紧急呼叫功能。

应有易于访问的紧急求助按钮，一旦按下按钮，会自动发送车辆位置信息至救援中心。

根据设计需求，我们使用 Figma 搭建车载 MHI。

先搭建中控屏幕的界面，在 Figma 新建一个草稿，并在草稿内建立宽 1920 px、高 1080 px 的画框（快捷键为 F），并在画面中规划好中控屏幕的具体区域，可以根据优先级规划区域范围，将界面中需要高频观察确认的功能放置在靠近主驾驶区的位置，将空调及座椅调节等功能按照汽车传统物理按键的做法放置在中控屏幕的下方区域，将容易干扰行驶的车机互联信息及多媒体控件放置在靠近副驾驶区一侧。

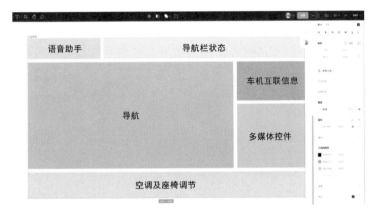

设置布局网格如下。

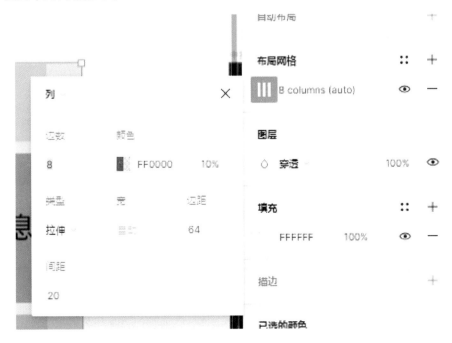

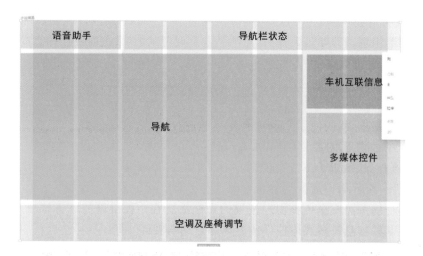

　　规划好每一块区域后,从最大的导航模块开始进行设计,必不可少的功能有选取目的地、路线指引、路况播报。导航的底图可从高德开放平台获取或者使用准备好的素材,注意内容不要超过边界。

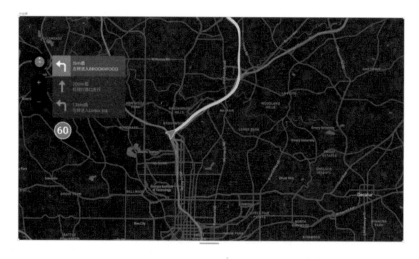

　　我们随后从上到下,从左至右开始设计,其中,语音助手功能最重要的是触发方式及信息确认。通常语音助手功能通过语音播报与驾驶员互动,当出现语音歧义等需要驾驶员确认信息的场景时,我们应设计响应状态让驾驶员可快速进行确认。

根据设计需求，（导航）状态栏应该清晰展示电量/油量（或直接展示剩余里程）、信号强度等，这里使用高对比度的色彩以确保易读性，保持整体的简洁风格，设计的时候同样要注意不要超过边界。

轻拟物按钮相对于扁平化设计会更多地拥有一些凸起或者凹陷的设计，具体的轻拟物按钮可以按如下步骤制作。

我们在绘制好的暂停图标底部新建一个圆形，并设定阴影的颜色。为圆形新增一个描边，并设定描边属性，注意该渐变是有些倾斜的。

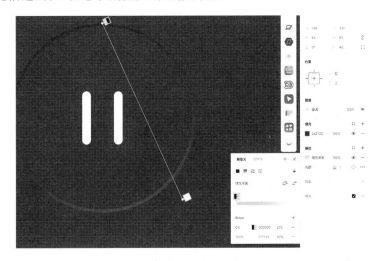

在效果处为其添加一个内阴影的属性，并按图中数值进行设置。

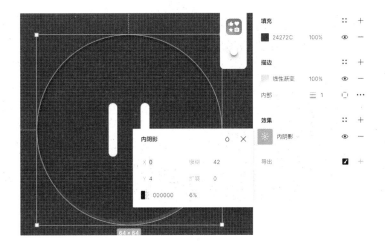

在效果处添加投影属性。

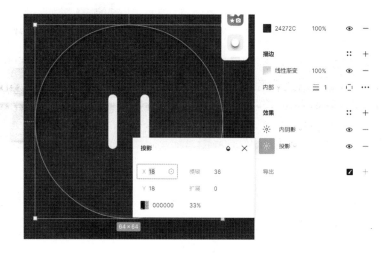

最后再添加一个投影属性。

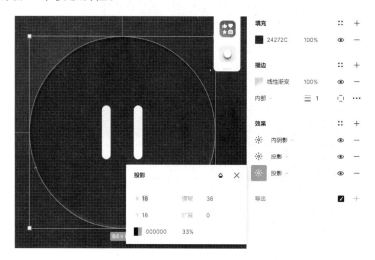

可以看到,暂停按钮已经获得了一层凸起的效果。

我们将整个模块完成并放置在画面右侧。

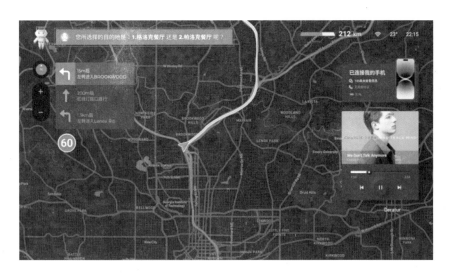

屏幕底部用于空调及座椅调节。

我们可以通过采用两个方向不同的渐变创建一个轻拟物按钮。

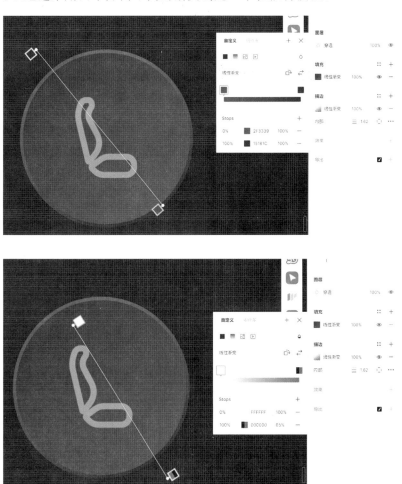

在设计按钮时，要注意整体保持一致的设计风格与设计趋向。

最后将设计好的组件组合起来，即可获得如下界面。

下面继续进行汽车仪表盘的设计。注意，汽车仪表盘不能使用触控方式，通常汽车仪表盘通过方向盘上的独立的仪表盘信息按键来进行控制。如果不存在独立的仪表盘信息按键，则通过多媒体控制按键或通信控制按键来进行控制，所以在设计汽车仪表盘时，不再涉及点击、滑动等直接交互概念，而是使用按钮映射进行操作。

首先，我们依然从仪表盘的基本框架开始绘制，这次我们绘制一个 1920 px×720 px 的画框。注意，这并不是一个标准尺寸，在汽车行业中，不同品牌的汽车，甚至是同型号、不同配置的汽车的屏幕都有可能存在差异。

我们先绘制面积最大的导航信息模块，要注意，仪表盘导航信息要与中控屏幕的信息同步，但是要更为精简。

接下来，使用文本工具（快捷键为 T）创建对应的文字代表不同的汽车挡位，我们将非当前挡位的文字不透明度降低至 20％，形成对比差异，以提示用户当前的挡位。同时绘制汽车信息指示图标，放置在挡位图标下方。

在仪表盘右上方添加当前时间、天气信息，以及驾驶 ECO 模式指示。使用文本工具输入时间，用形状工具结合布尔运算绘制天气图标。

随后绘制音乐播放器模块，我们使用圆形工具来绘制唱片，使用文本工具添加歌曲名称和艺术家信息。

在仪表盘左侧绘制时速表。可以通过复制一层图案，右击选择垂直翻转，并设置填充颜色为渐变填充，来获得倒影效果。随后在底部添加剩余油量（里程）的指示。

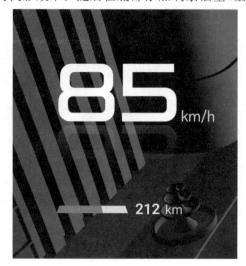

调整各元素的相对位置，确保它们排列合理且美观。

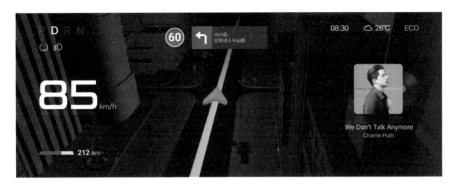

读者可根据上述内容设计日间行驶模式界面。

13.6　UI 设计的对接与落地

UI 设计师完成设计稿后，与前端开发工程师的对接是非常关键的，以确保设计能够被准确且高效地实现。

通常安排一个正式的设计审查会议，让 UI 设计师向前端开发工程师展示设计稿。在会议中，设计师可以详细介绍设计的思路、交互逻辑、视觉风格及设计背后的用户需求。

设计师需要给前端开发工程师提供详尽的设计规范，应准备一份详细的设计规范文档，包含颜色代码、字体样式、图标集、间距规则、组件样式等信息。这有助于前端开发工程师遵循统一的标准，确保设计的一致性。

利用月维、摹客等线上协作工具的协作功能，可以直接在设计稿上标注尺寸、距离、颜色代码等，甚至可以生成开发所需的 CSS 代码，减少沟通成本。

对于含有动画或复杂交互的设计，可录制视频或使用原型工具（如 Principle、Framer）来演示动态效果。

可建立一个快速反馈渠道，比如即时通信群组，让前端开发工程师遇到疑问时能及时与设计师进行沟通。

设计师可以参与代码审查环节，确保视觉效果和交互体验与设计稿相符。

可定期举行项目进度会议，让双方了解各自的工作进展，及时调整计划或解决遇到的问题。

使用 Figma
搭建商品卡片

使用 Figma
搭建汽车 MHI

使用 Figma 搭建游学
研学移动端 APP
界面具体过程

使用 WebUI 搭建
游学研学 IP 3D
角色的具体过程

B 端 UI 设计及 Figma 在设计工作中的其他应用

14.1 B 端 UI 设计简介

　　B 端 UI 设计是指面向企业和机构客户等的用户界面设计。与面向普通消费者的 C 端 UI 设计相比，B 端 UI 设计更加注重功能性和实用性，以帮助企业实现商业目标。在 B 端 UI 设计中，设计师需要考虑用户的工作环境和使用习惯，充分考虑用户的需求和反馈，以及思考如何提高工作效率。

　　B 端设计与 C 端设计的比较如下表所示。

比较项	B 端设计	C 端设计
目标用户	企业、组织、员工(专业用户)	个人消费者(大众用户)
用户特性	重专业性、角色分工明确	重个性化、需求多元化
使用场景	工作环境、流程化操作、特定业务流程	生活场景、碎片化场景、多应用切换场景
主要功能	与业务流程紧密相关，支持决策、协作、管理	满足生活需求，如娱乐、社交、购物
使用时长	长时间、深度使用，高频率重复操作	短时间、快速交互，可能将长会话与短会话相结合
设计目标	提高工作效率、提高数据准确度、优化流程	提升用户体验、增强用户黏性、促进消费
产品思维	流程思维、数据驱动、定制化服务	流量思维、用户增长、用户留存与转化
收益模式	付费定制、订阅服务、企业级解决方案	广告收入、交易佣金、会员服务、内购
需求来源	客户需求调研、行业标准、内部流程改进	用户反馈、市场趋势、竞品分析、数据分析
设计重点	易用性、高效性、集成性、安全性	易学性、趣味性、互动性、情感化设计
信息呈现	数据密集、结构清晰、信息层级分明	轻量化、直观化、个性化

续表

比较项	B端设计	C端设计
决策过程	多人参与、决策链较长、考虑ROI	个人或小团体决策，受情绪与口碑影响较大
用户体验	注重提高工作效率，减轻认知负担	注重情感满足，增强愉悦感与品牌认同感
迭代周期	可能较长，需配合企业规划与部署	较短，及时响应市场变化与用户反馈

由此，在进行B端设计时，需要考虑以下几个关键因素。

（1）以业务为中心。应以企业的业务需求和目标为出发点，深入理解企业的业务流程和需求，这需要设计师深入了解一个企业是如何运作的，他们的部门是如何协同的，如何解决他们的工作协同问题。

（2）用户体验与业务目标平衡。在满足业务需求的同时，确保产品的易用性和用户满意度，设计细节应明确无歧义。

（3）简洁高效。B端产品通常面向企业用户，他们对产品的效率和简洁性有更高的要求，视觉方面的3D渲染图示、插画与ICON点到为止即可，与C端产品不同，其不需要太多的场景氛围和渲染。

（4）可定制性。由于每个企业的业务需求和流程有所不同，B端设计需要具备一定的可定制性，设计师要考虑后期迭代的预留入口与空间。

（5）数据驱动决策。注重数据的收集和分析，以数据为依据进行设计决策。

（6）安全性和稳定性。B端产品通常涉及企业的核心数据和业务，因此安全性和稳定性是设计的关键要素。

B端产品通常是企业使用的系统，它们的设计重点在于解决企业的具体问题和需求，而不是追求视觉上的氛围效果。B端设计师在工作中不仅要关注视觉输出，还要深入理解业务逻辑、产品需求、用户体验和交互流程制定。

软件即服务（Software as a Service，SaaS）是一种通过互联网提供软件的模式。厂商将应用软件部署在云端服务器上，客户可以根据实际需求，通过互联网订购所需的应用软件服务，并按服务使用量和时间向厂商支付费用。

企业资源计划（Enterprise Resource Planning，ERP）是一种企业管理软件，它通过集成企业内部的各个业务流程，如采购、销售、库存、财务等，来优化企业的运作效率。ERP系统可帮助企业实现信息整合和流程优化，提高管理效率和运营效率。

办公自动化（Office Automation，OA）是一种专门为企业和机构的日常办公工作提供服务的综合性软件平台，具有信息管理、流程管理、知识管理（档案和业务管理）、协同办公等多种功能。OA系统的核心功能包括文档管理、通讯录服务、工作流程管理、会议和日程管理等，旨在提高工作效率、降低操作成本、实现信息共享。

客户关系管理（Customer Relationship Management，CRM）是一种以客户为中心的管理信息系统，集成了企业与客户之间的沟通、交互和关系管理。CRM系统通常包含销售管理、客户服务和营销管理模块，能够维护企业与客户之间的关系，提高客户忠诚度和满意度，提高销售收入和市场份额。

14.2　B 端 UI 设计案例

由于 B 端界面的设计与业务深度绑定,因此我们在设计 B 端的界面时需要对整个企业的业务流程有相当深入的了解。

一个常见的 B 端界面设计的需求表格如下。

首页功能模块	功能描述	设计要点	交互方式或功能	备注
概览	数据概览与分析图表	显示关键业务指标(核销额、核销量等)点击导航按钮切换视图	鼠标悬停时显示详细数据点击导航按钮切换视图	主色采用橙色和蓝色界面布局清晰,操作直观
操作记录	记录与检索操作历史	列表展示操作日志提供搜索栏	文本输入搜索关键词点击记录查看详情	
备忘录	信息记录与共享	创建、编辑、删除备忘录查看团队备忘录	点击新建按钮创建备忘录右击或按对应按钮进行编辑/删除操作点击分享按钮可进行分享	保证信息的实时同步与安全性
通知中心	接收系统通知	显示未读通知列表跳转至详情页	点击通知按钮查看详情标记已读	提醒方式应明显但不干扰其余功能
成员申请	管理团队成员	展示待处理的成员申请审批操作	审批/拒绝成员申请查看申请人详情	流程应简洁高效
审核	任务审批	待审任务列表提交审批结果	选择审批意见并提交可附审批备注	确保操作的可追溯性

通常 B 端设计的需求都是尽可能详细的,低保真原型图与最终落地的实际界面相差无几。企业级应用的复杂度通常较高,涉及多个部门和角色的协同工作。详细的需求说明和接近实际的原型设计有助于在开发初期就明确各方需求,减少因为需求不明确导致的后期频繁修改,从而节省时间和开发成本。

B 端产品紧密关联企业的业务流程,设计需高度贴合实际工作场景。详细的原型设计可以帮助验证产品设计是否符合业务逻辑,是否能有效提高工作效率,是否解决了用户的问题。

下面使用 Figma 搭建某企业 ERP 系统的界面。

我们首先在 Figma 新建一个草稿,并在草稿内建立宽 1440 px、高 900 px 的画框(快捷键为 F),这符合常见的桌面屏幕分辨率,对于 B 端产品,实用性的优先级排在前面,设计师优先以最常见的分辨率去进行设计。

  B端设计具有较强的逻辑性，并且要让使用者可以在第一时间知道自己所处的位置，界面的信息层级十分重要，所以通常会在界面的左侧及顶部增加导航栏。

  绘制左侧导航栏。使用矩形工具（快捷键为R）分别绘制不同部分的容器，包含"首页""数据""指派""票券""成员"和"下单"等选项。

  绘制首页的三个选项卡，注意我们要使用主题色对当前位置进行高亮处理。

  制作数据概览区域。该区域包括四个统计卡片："本月核销额""本月核销量""本月订单数"和"本月订货数"。使用矩形工具制作ICON的底，并添加相应的文本内容。注意文字的对齐方式，同时还要注意保持元素之间的间距一致。

数据概览

本月核销额	本月核销量	本月订单数	本月订货数
￥45472.21	252	451	45

  绘制数据概览图表。使用钢笔工具绘制曲线路径，并填充颜色。为每个数据点添加标签和值，确保曲线平滑过渡，并保持数据点位置准确。

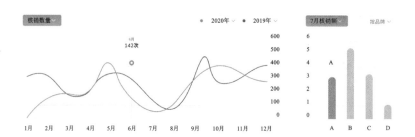

　　创建操作记录。我们可以使用自动布局功能来创建表格，调整单元格大小和间距，使其与设计示例相匹配，可在此添加必要的文本内容。

| 核销操作 ⑧ | 人员管理 | 权限操作 | | 搜索操作记录 | 🔍 | 按时间倒序 ∨ |

票券编码：SDF6516516162

操作人：	猫盟扬	类型：	大米		复制操作人	复制票券编码	**报错**
操作时间：	2020-08-24	品牌：	A			状态	订单金额
规格：	10 kg	数量：	200			**操作成功**	**¥4872.20**

　　设计右侧边栏。右侧边栏包含"备忘录"和"通知"两个部分。使用文本工具输入标题和描述，并添加适当的图标，同时确保布局整洁有序。

最后，检查整体布局和风格的一致性。确保所有元素的位置、大小、颜色和字体都与设计示例相符。如有需要，可微调各个部分的设计以达到最佳视觉效果。

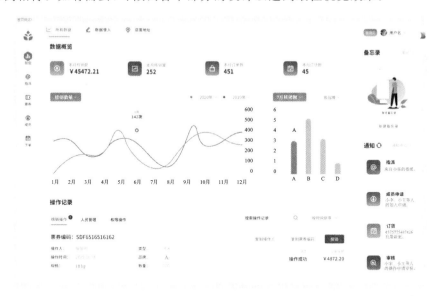

我们在最后可以将本次界面设计的规范及组件简单整理出来，当需要新增页面的时候，设计师可以直接从设计规范及组件库中简单取用组件从而快速搭建页面。

使用 AI 进行设计输出的实际方法

15.1 认识 Stable Diffusion 与 ComfyUI

Stable Diffusion 是一种基于深度学习的图像合成 AI,它能够根据用户的描述生成高质量的图像。Stable Diffusion 的强大之处在于其能够理解复杂的文本描述,并将其转化为视觉内容,这使得设计师能够快速迭代和实现构想。

ComfyUI 是一个工作流程构建工具,能够将图像生成过程细化为一系列步骤,每个步骤都用一个节点(node)来表示。这些节点可以相互连接,形成清晰而直观的流程图,让AI 图片生成过程一目了然,并且可以通过自由组合不同的节点来搭建从简单到复杂的各种工作流程。

ComfyUI 常用的快捷方式如下表所示。

按键	解释
Ctrl+Enter	将当前的工作流加入队列以供生成
Ctrl+Shift+Enter	将当前的工作流设置为生成的第一个运行的队列(插队)
Ctrl+Z/Ctrl+Y	撤消/重做
Ctrl+S	保存工作流
Ctrl+O	加载工作流
Ctrl+A	选择所有节点
Alt+C	折叠/取消折叠所选节点
删除/退格键	删除选定的节点
Ctrl+删除/退格键	删除当前工作流
空格	按住并移动光标时移动画布
Ctrl/Shift+单击	将节点添加到所选内容

续表

按键	解释
Ctrl+C/Ctrl+V	复制和粘贴所选节点（不维护与未选节点的输出的连接）
Ctrl+C/Ctrl+Shift+V	复制和粘贴所选节点（保持从未选节点的输出到粘贴节点的输入的连接）
Shift+拖动	同时移动多个选定节点

Checkpoint 加载器可以理解为用于加载 Stable Diffusion 模型的节点，而 LoRA 加载器用于加载微调 Stable Diffusion 模型的 LoRA 模型的节点，模型强度及 CLIP 强度系数越大，LoRA 模型对生成的图像影响越大。

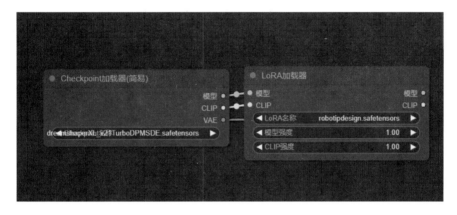

CLIP 文本编码器有提示词（prompt）输入框，空 Latent 节点用于决定 AI 生成图像的宽度和高度，其中，批次大小表示一次生成多少张图片。

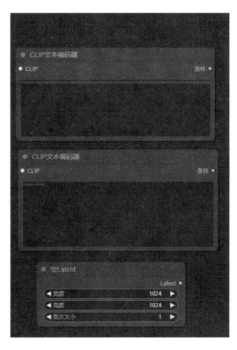

K 采样器的全称是 KSampler 采样器,负责在潜空间生成图片。

随机种:每张图都有一个随机的编号。

运行后操作:种子可以固定、增加(在原来的种子值上＋1)、减少、随机。

步数:设置我们生成这张图需要降噪的次数。

CFG:提示词引导系数,值越大,生成的图像越符合提示词,通常设置为 8 就足够了。

采样器:采用不同的采样器,AI 绘制图片的方式会有所不同,产出的图片也会有很大区别。

调度器:每一次迭代中控制噪声量大小的因素,一般选择 normal 或 karras。

降噪:与步数有关,1.00 表示我们完全按照上方输入的步数进行处理。

15.2　实际工作中 AIGC 的应用

ComfyUI 的内核是 Stable Diffusion,Stable Diffusion 与其他 AI 绘图软件相同,通过提示词(关键词)来生成图片。绘制的图片是否符合创作意图,主要取决于提示词是否准确。对于当前主流的 AI 绘画模型,可以遵循以下顺序输入提示词。

(1)首先从整体环境出发进行描述,例如 best quality、depth of field、finely detail、amazing、masterpiece 等,这些词语都是从画质角度进行描述的,将这些词语写在最前面可以让 AI 优先处理这些词语,使得画面整体质量高。

(2)其次描述画面主体,譬如一个苹果就是 1 apple。

(3)再输入有关主体属性的描述词,如果是苹果,可以描述色泽、大小、所处的位置等,如果是人物角色,则可以描写身材、发型、发色、五官特征、表情、服饰等。

（4）最后补充一些其他描述，可以描写画面的背景、环境，如果是画作的话可以描述画风等，也可以根据需求对光影效果进行描写，除此之外，还可以精确控制季节、天气、色调。

以上就是写提示词的一个思路，越前面的词，AI 越会优先考虑，所以重要的词应放在前面。同类词语应放在一起，尽可能只写必要的关键词。

下面讲解一个案例。

假设设计师接到一项需求，这项需求是设计一份课程宣传海报，其中要求出现一名机器人角色来担任海报主体，要求该机器人可爱、有 3D 质感，主色采用紫色。

此时便可以借助 AI 生成一个可爱的机器人角色，并将其置入海报。

初始提示词为：

best quality, a cute purple fat robot mascot that embodies automotive elements, 3D rendering style

为了更好地将角色与背景分离，我们需要一个容易进行后期处理的干净背景，故加入提示词：a clean background（背景）。

为了使 AI 更能理解创作意图，可再增加更加细致的提示词以提示 AI：robot ip design, a bear face。

最终可得到一组提示词：

best quality, a cute purple fat robot mascot that embodies automotive elements, a clean background, 3D rendering style, robotipdesign, a bear face

随后将其填入正向提示词的 CLIP 文本编码器中，点击"添加提示词队列"即可让软件运作并开始生成图像。

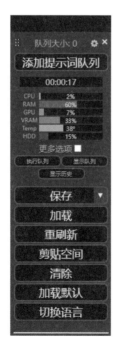

最终得到的结果如下图所示。

如果对生成的 AI 角色不满意，可以重新生成更多图像。

可以看出，AI 生成的结果与我们想要的效果非常接近，非常符合关键词"机器人""可爱""紫色的外观"。虽然设计十分成功，但是将图片放大来看，则会发现该图片尺寸为 1024 px×1024 px，分辨率不高，达不到"清晰、易辨别"的画面需求。此时我们可以使用 ComfyUI 中的放大图像节点功能，无损放大图片。

我们可以在 ComfyUI 界面的空白处右击新建加载图像节点、图像通过模型放大节点及放大模型加载器节点，并将它们连接起来。载入图片并添加到提示词队列即可得到宽高都乘以 4 的图像。

此时图片已经被无损放大至原来的 4 倍，接着我们可以在 ComfyUI 中使用抠图节点
（Remove Image Background）功能将设计主体抠出。

其中，抠图节点属于一款名为 abg 的插件，我们在 ComfyUI 界面的右下角的管理器
中，点击"安装节点"即可搜索、查看或者安装所有插件。

这样我们就获得了一张带有阿尔法透明通道的 PNG 图片，随后我们根据需求的其他
内容，设计出海报的框架，最后将角色置入其中，即可输出设计稿。

15.3　背景重绘与游戏美术资源绘制

在人工智能技术飞速发展的今天，Stable Diffusion 作为一款先进的设计辅助工具，正被越来越多的企业和公司采用以提高工作效率。这种技术能够在短时间内生成高质量的设计和绘画作品，从而极大地缩短创作周期，提高生产力。

以电商海报设计为例，一个产品的广告海报可能需要不同的背景以满足不同的设计需求，譬如一款面霜需要以水面为背景，暗示它具有水润质地，需要设计师创造一个场景，将面霜置于充满活力的水面上，水波纹应栩栩如生。传统上，这可能需要技术娴熟的设计师使用如 C4D 这样的 3D 建模软件来构建模型，这个过程不仅耗时而且需要投入大量的精力，有时可能因为要调整某一细节就要重新设计整个项目，这对设计师的技能水平有较高的要求。

提高效率是企业和公司的重要追求目标。Stable Diffusion 等 AI 工具的出现，为设计师提供了一种新的解决方案。它们能够利用机器学习算法快速生成复杂的图像和场景，不仅减少了对高级技能的依赖，也显著降低了时间成本。这意味着即使是能力较弱的设计师，也能够快速地产出具有专业水准的设计作品，从而满足市场对快速设计的需求。这种技术的应用，不仅提高了设计的效率，也为企业带来了更大的竞争优势。

我们以前文所示的机器人为例，使用 ComfyUI 制作其背景。

要想让 AI 生成机器人的背景，应搭建更为复杂的节点工作流。

具体的思路为：使用节点将机器人图案固定住，以机器人为核心，通过提示词重新生成机器人以外的图案，最后让 AI 将整体画面以极小幅度重绘，这样就可以达成我们想要的效果了。

根据思路搭建的节点工作流如下图所示。

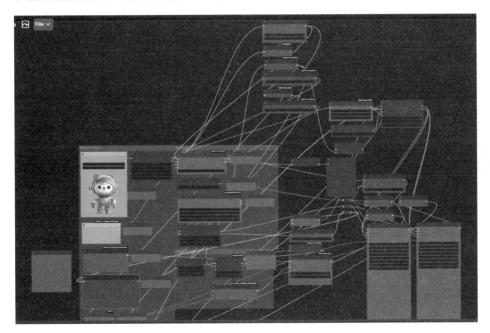

通过 AI 识别图像自动生成蒙版,并只在蒙版中绘制图像,从而达到主体不变、背景改变的效果。

改变背景的效果如下图所示。

对画面重新进行小幅度重绘的结果如下图所示,可以看出,机器人会与背景更加融合,但是机器人的细节会发生变化。

AI 工具提供了丰富的背景素材库,用户可以根据节日、促销活动或市场趋势快速变换产品图片的风格和背景,增加营销的多样性和灵活性。

对于拥有大量 SKU 的电商而言,AI 技术的规模化应用意味着能高效处理海量的产品图片,适应快速变化的市场需求,保持产品展示的及时更新。

　　其实，使用 AI 工具令产品保持不变，再生成其背景这一过程可以轻松完成，我们甚至不需要对 AI 绘图大模型与系统进行透彻研究，仅进行简单的产品图片上传、用关键词描述所需要生成的背景、点击生成图片按钮等步骤即可得到最终的成果。

　　例如，想将一瓶可乐放置在沙漠。

　　第一步，打开一个页面（这个页面使用 Python 搭建）。

Image　　　　　　　　　　　Preprocessed Foreground　　　　　　　Outputs

拖放图片至此处
或
点击上传

Prompt

Lighting Preference (Initial Latent)

◉ None　　　Left Light　　　Right Light　　　Top Light　　　Bottom Light

Subject Quick List

Clean,Minimalist background,America Backyard,Sofa

pikaso reimagine,35mm,film,photography,modern,outdoor,patio,set　　　American Patio

Medium Long Shot,unreal engine　　　Terrace,Clean,Minimalist_background,garden,white light,Midsummer, the platform

Lighting Quick List

　　第二步，上传一张白色位图或者一张已经抠好的带有透明通道的 PNG 图像。

　　第三步，在 Prompt 处输入关键词，例如我们想要可乐立在沙漠中，我们可以输入沙漠的英文单词，其他设置保持默认。

Prompt

desert

Lighting Preference (Initial Latent)

◉ None　　Left Light　　Right Light　　Top Light　　Bottom Light

≡ Subject Quick List

Clean,Minimalist background,America Backyard,Sofa

pikaso reimagine,35mm,film,photography,modern,outdoor,patio,set　　American Patio

Medium Long Shot,unreal engine　　Terrace,Clean,Minimalist_background,garden,white light,Midsummer, the platform

≡ Lighting Quick List

night　sunshine from window　neon light, city　sunset over sea　golden time　sci-fi RGB glowing, cyberpunk

natural lighting　warm atmosphere, at home, bedroom　magic lit　evil, gothic, Yharnam　light and shadow

shadow from window　soft studio lighting　home atmosphere, cozy bedroom illumination

neon, Wong Kar-wai, warm

点这里就开始生成图片

☑ 使用AI进行抠图。当不勾选此选项时，上传的图片应当预先抠好图。特殊用法：上传溶图合成的图片AI会帮助其修
复光影光线的效果，具体可参照说明

第四步：点击生成图片（"点这里就开始生成图片"）按钮，等待电脑运行 AI 程序。最终结果如下图所示。

Prompt

desert

Lighting Preference (Initial Latent)

◉ None　　Left Light　　Right Light　　Top Light　　Bottom Light

≡ Subject Quick List

Clean,Minimalist background,America Backyard,Sofa

pikaso reimagine,35mm,film,photography,modern,outdoor,patio,set　　American Patio

Medium Long Shot,unreal engine　　Terrace,Clean,Minimalist_background,garden,white light,Midsummer, the platform

≡ Lighting Quick List

可以看出，AI 自动抠图并生成了背景，将可乐的光影改变，使得它融合到场景中，并且没有更改可乐的细节，仿佛真的是一支可乐矗立在沙漠戈壁当中。

使用 AI 更换物体背景
来设计创意海报

第五部分

设计的未来展望

UI 设计的发展趋势与前景

16.1　虚拟现实及增强现实技术与 UI 设计的深度融合

在过去的数年中,虚拟现实(VR)及增强现实(AR)技术经历了迅猛的发展,近年苹果公司发布的 Apple Vision Pro 更为 UI 设计领域开辟了崭新的挑战与机遇。VR 与 AR 这两项技术的发展,或许与 AI 一样,将会促使设计师们跨越传统二维屏幕的界限,涉足三维空间的交互设计,从而构建出更具沉浸感与交互性的用户体验。

在 VR/AR 的沉浸式环境中,用户与界面的交互形态发生了根本性变革,从平面屏幕的二维限制中解放出来,迈向了一个与现实交互的三维世界。设计师面临的首要任务是构思并实现直观、流畅的三维交互模式,使用户能够在一个空间中自如地移动、探索及操控各类对象。

根据这一需求,设计师在交互方面未来可以研究的方向可能有如下几个。

(1)手势识别:通过传感器捕捉用户的手部动作,实现空中手势的精准识别,让用户直观地抓取、旋转、缩放虚拟物体。

(2)眼动追踪:利用眼动追踪技术监测用户的视线焦点,实现目光操控,如视线聚焦触发菜单、视线跟随调整视角等,极大简化用户与界面的非物理接触交互。

(3)语音命令:依托自然语言处理技术,用户可通过语音指令操控环境、切换功能或与虚拟角色交流,提供无须动手的交互途径。

这些交互方式或许可以增强用户在虚拟环境中的存在感与自主性,也要求设计师充分考虑交互的自然性、响应速度及容错性,确保用户在三维空间中的交互体验既符合直觉又高效无误。

在三维空间中有效呈现视觉信息是一项复杂的任务。设计师必须驾驭多个视觉设计维度,才可以确保信息传递的清晰度、准确性和吸引力。

在高分辨率显示技术支持下,设计师需要确保虚拟内容在各种视距和运动状态下都能保持较高的质量,避免因像素化或模糊导致的信息丢失。

利用色彩对比强化视觉焦点,构建层次分明的信息架构,确保关键元素在复杂三维场景中依然可以引导用户注意力。

VR 与 AR 需要营造真实感十足的光照效果,极大地提升环境的真实感与沉浸感,设计师需要巧妙运用光源、阴影、反射与折射等,营造符合物理规律且富有情感氛围的空间感,这一点需要设计师在提升自我的时候,多关注 3D 建模渲染及素描基础等技能。

要充分考虑用户在虚拟空间中的自由移动可能导致的视角变化,确保信息与界面元素在任何观察角度下均能保持良好的可读性与可用性。

还应确保所有用户,包括视力障碍者、运动障碍者或其他有特殊需求的用户,都能平等地享受 VR/AR 内容,通过提供可调节的视觉设置、辅助导航工具及替代交互方式,实现无障碍体验。

随着 VR/AR 技术的持续精进与广泛应用,我们有理由相信,未来的 UI 设计将更加紧密地融入三维空间的语境。

应更加注重利用空间布局、立体层次与动态效果构建富有深度与广度的界面,让用户在虚拟环境中感受到丰富多维的空间关系。

通过高度逼真的视觉效果、细腻的触觉反馈、立体环绕的音频设计,以及与现实世界无缝衔接的内容,UI 设计将进一步消除虚拟与现实之间的界限,为用户提供置身其中的超现实体验。

AI 与大数据技术将赋能 VR/AR UI 设计,使其能够根据用户的行为模式、偏好乃至情绪状态动态调整界面内容与交互方式,实现前所未有的个性化与智能化服务。

VR/AR 与 UI 设计的结合正以前所未有的深度与广度重塑人机交互的疆界,为设计师开启了充满挑战与创新机遇的新篇章。随着技术的持续演进与设计思维的不断创新,我们期待一个更加生动、多元、智慧的三维交互未来。

16.2　UI 设计师的职业规划和发展建议

(1)不断学习和掌握最新的设计工具和技术,同时要关注设计趋势,多与其他设计师交流,提高审美能力和创新思维。

(2)在进行技能提升时,不要忘了构建作品集,应建立并不断完善个人作品集,展示设计能力和项目经验。作品集应该突出专业技能,同时也要表现出你的个人风格和创意。通过整理作品集,也可以复盘自己做过的项目,沉淀知识,定期对自己的工作进行反思和评估,了解自己的强项和待改进之处,根据反馈调整学习和工作策略。

(3)积极参与设计社区活动,与其他设计师深度交流学习,寻求合作机会。

(4)应进行跨领域学习,UI 设计不仅涉及视觉表现,还涉及用户体验、交互设计等,学习相关知识,可以帮助你在设计中更好地考虑用户需求。

(5)应明确自己的职业目标,根据目标规划自己的学习和发展路径。

(6)不能忘记实践才是检验真理的唯一标准,理论知识需要通过实践来验证和深化,应尝试参与不同类型的项目,从实践中学习和积累经验。

AI 对 UI 设计的影响与机遇

随着 AI 技术的日臻成熟,其在 UI 设计过程中的角色日益关键,其已然成为提升设计效能与创新思维的双引擎。可以想象,在不久的将来,AI 可以赋能设计师实现界面布局与元素编排的高度自动化与智能化,大幅压缩设计周期,提高产出效率。在设计初期,AI 工具能基于海量设计素材与趋势洞察,为设计师提供精准灵感引导,助力快速生成概念原型;而在后期验证阶段,AI 则通过精细的用户测试与反馈数据分析,确保设计方案精准对接用户需求,加速设计迭代并有力提升产品品质。

未来,深度学习与机器智能算法将有望基于庞大的数据集,生成超越人类设计师既有认知框架的创新设计方案,开启 UI 设计的全新可能。这一趋势对 UI 设计师提出了双重挑战:一方面,他们必须深入理解 AI 工具的底层逻辑与工作原理,掌握其有效策略与技巧;另一方面,设计师需要具备敏锐的前瞻性视野,持续学习并适应新技术发展,以确保在瞬息万变的 AI 驱动设计环境中保持竞争优势。

AI 将进一步赋能 UI 设计实现深度个性化与情境适配,它将深度融合用户行为模型与心理预期,精准洞悉用户需求,进而输出高度定制化的交互体验。此外,AI 的跨文化适应能力将使得设计语言更为多元且包容,能够无缝衔接不同地域、语境与族群的审美偏好与使用习惯。因此,未来的 UI 设计师不仅要精于设计艺术,更要成为驾驭 AI 技术的跨界专家,持续更新知识结构,以期在智能化设计浪潮中立于潮头,塑造未来人机交互的新范式。

参考文献

[1]　苏杭.H5＋营销设计手册[M].北京:人民邮电出版社,2019.

[2]　刘源.App草图＋流程图＋交互原型设计教程[M].北京:电子工业出版社,2020.

[3]　李万军.用户体验设计[M].北京:人民邮电出版社,2018.